Österreichische Akademie der Wissenschaften
Mathematisch-naturwissenschaftliche Klasse

Mitteilungen der Erdbeben-Kommission

Neue Folge — Nr. 76

Das Starkbeben am 29. Januar 1967
in Molln, Oberösterreich

Von

Julius Drimmel und Erich Trapp, Wien

Mit 10 Abbildungen

*Herrn Univ.-Prof. Dr. Max Toperczer
zum 75. Geburtstag gewidmet*

1975

In Kommission bei
Springer-Verlag
Wien New York

ISBN 978-3-211-86444-9   ISBN 978-3-7091-5797-8 (eBook)
DOI 10.1007/978-3-7091-5797-8

Zusammenfassung

Am 29. Jänner 1967 um 00 h 12 m 11,7 s GMT ereignete sich im Raume Molln das erste bekannte Starkbeben Oberösterreichs. Dieses Beben wird in der vorliegenden Arbeit eingehend makroseismisch (durch Trapp) und mikroseismisch (durch Drimmel) untersucht. — Die wichtigsten Ergebnisse:

Epizentrum: 47° 52,8′ N, 14° 18,7′ E makroseismisch bzw.
47° 52,5′ N, 14° 18,5′ E mikroseismisch bestimmt.
Epizentralintensität: 6¾ Grad nach Mercalli-Sieberg bzw. Medvedev-Sponheuer-Kárník.

Die Fläche fühlbarer Erschütterung betrug 85 530 km², davon sind 260 km² Schadensgebiet mit einer Intensität von mindestens 6° MS.

Herdtiefe: 6 bis 7 km makroseismisch bzw.
8 km mikroseismisch bestimmt.
Magnitude: ca. 4,4 bis 4,6 makroseismisch bzw.
4,65 mikroseismisch bestimmt.

Dieses tektonische Beben war eine vertikale Auf- oder Abschiebung an einer parallel zum Streichen der Alpen (N68°E) verlaufenden Herdfläche im Kristallin der Böhmischen Masse, wobei die südliche Scholle relativ zur nördlichen gehoben wurde. Die maximale lineare Ausdehnung der Herdfläche wird mit etwa 2 km abgeschätzt, die vertikale Dislokation im Herdbereich mit ca. 6 cm. Aus herdnahen Tiefenreflexionen ergibt sich die lokale Mächtigkeit der Oberkruste zu 19,5 km, die Mächtigkeit der Unterkruste zu 21,8 km, d. h., die MOHO-Tiefe am Nordrand der Ostalpen beträgt 41,3 km.

Abschließend werden aus Aktualitätsgründen Betrachtungen über „Man-Made Earthquakes" im Untersuchungsgebiet angestellt.

Summary

On January 29th, 1967, at 00 h 12 m 11.7 s GMT the first known strong earthquake in Upper Austria occured in the region of Molln. This earthquake was investigated by means of macroseismic methods (by Trapp) and microseismic ones (by Drimmel). The most important results are the following:

Macroseismic epicentre: 47° 52.8′ N, 14° 18.7′ E.
Microseismic epicentre: 47° 52.5′ N, 14° 18.5′ E.
Epicentral intensity: 6¾ degrees according to Mercalli-Sieberg respectively Medvedev-Sponheuer-Kárník.

The area of perceptible shaking amounts to 85,530 km², in that are included 260 km² with slight damage, i.e., with an intensity of at least 6° MS.

Macroseismic depth of focus: 6 to 7 km.
Microseismic depth of focus: 8 km.
Macroseismic magnitude: about 4.4 to 4.6.
Microseismic magnitude: 4.65.

This tectonic earthquake has a dip-slip (compressional) fault which is running parallel to the Eastern Alps (N68°E) within the crystalline basement (Bohemian Massif); during the fault motion the southern plate was lifted relative to the northern one. The maximum linear extent (horizontal as well as vertical) of the fault plane was estimated to be 2 km, the vertical dislocation in the focal zone amounts to about 6 cm. From deep reflections nearby the focus an upper crust thickness of 19.5 km and a lower crust thickness of 21.8 km result, i.e., the depth of the MOHO discontinuity on the northern border of the Eastern Alps is 41.3 km. For the reason of topicality concluding remarks are made about "Man-Made Earthquakes" in the region of this investigation.

1. Einleitung und Chronik

Für Oberösterreich bedeutete das Erdbeben von Molln insofern ein Ereignis einmaliger Art, als in dem fast 12000 km² großen Bundesland in historischer Zeit bisher noch kein schadenstiftendes Erdbeben aufgetreten ist. Weder seit Bestehen der offiziellen Bebenchronik ab 1896 noch in älteren Chroniken findet man Hinweise auf irgendein autochthones Erdbeben, das im Epizentrum die Stärke $I_0 = 6°$ MS (nach der zwölfteiligen Skala von Mercalli-Sieberg) erreicht hätte. Auch von Starkbeben jenseits der Landesgrenze wurde Oberösterreich nie ernstlich betroffen. Die letzten größeren Schadenbeben aus den benachbarten Bundesländern Niederösterreich und Steiermark, die Beben am 17. Juli 1876 in Scheibbs ($I_0 = 7{,}5°$ MS) und am 1. Mai 1885 in Kindberg ($I_0 = 7{,}5°$ MS), haben nur geringe Spuren im Raum Linz hinterlassen (s. Commenda 1934). Um so mehr war die oberösterreichische Bevölkerung von dem Bebenereignis in Molln beeindruckt. Vor allem die Bewohner im Epizentralgebiet hatten argen Schrecken ausgestanden und materiellen Schaden erlitten, und viele von ihnen befürchteten, daß die Bebentätigkeit anhalten könnte. Den österreichischen Seismologen, die über den Vorfall ebenso überrascht waren, bot sich die Gelegenheit, das für diese Gegend ungewöhnliche Naturereignis eingehend studieren zu können und hierüber zu berichten. Voraussetzung war jedoch, daß sehr viele Unterlagen für die makroseismische und mikroseismische Bearbeitung beschafft werden konnten.

Im Zeitabschnitt 1901—1966 weist die Bebenchronik von Oberösterreich 43 Erdbeben auf (s. Toperczer und Trapp 1950, Trapp 1961 und 1973). Drei der 43 Beben erreichten sicherlich die Stärke

$I_0 = 5°$ MS (Hinterstoder 1910, Vorderstoder 1918, Kleinreifling 1958) und unter den 4,5°-Beben hatten zwei eine Schütterfläche über 1000 km² (Raab 1928, St. Martin im Innkreis 1935). Die Herde der 5°-Beben befinden sich so wie ein großer Teil der übrigen autochthonen Erdbeben in dem von Enns und Steyr durchflossenen Gebiet im Südosten des Landes. Seit dem Jahre 1953 blieb die seismische Aktivität in Oberösterreich ausschließlich auf diesen Raum beschränkt und dokumentierte sich bis Anfang 1967 durch folgende vier Erdbeben, wobei der Ort Molln erstmals als Epizentrum aufscheint:

Jahr	Herdgebiet	I_0	F
1957	Windischgarsten	4° MS	80 km²
1958	Kleinreifling	5	500
1958	Molln	4,5	200
1963	St. Pankraz	4	50

Um ein vollständigeres Bild von der Seismizität in dieser Gegend zu erhalten, muß auch das seismische Geschehen in den angrenzenden Teilen von Niederösterreich und der Steiermark betrachtet werden. Nimmt man den Zeitraum ab 1901, so liegt, wie die Abb. 1 zeigt, Molln am Nordrand eines abgeschlossenen seismischen Quellgebietes, das weit ins steirische Ennstal hereinreicht und nur bei Hieflau mit einer anderen erdbebenaktiven Zone in Berührung kommt. Im angegebenen Gebiet einschließlich Hieflau haben sich in den Jahren 1901—1970 laut Erdbebenkatalog 56 Erdbeben ereignet; dabei sind Vor- und Nachbeben nicht berücksichtigt und das lokale Schwarmbeben in Klaus-Steyrling 1920 ist nur einmal gezählt. Ein großer Teil der 56 Vorfälle war von untergeordneter Bedeutung, und nur elf Beben hatten ein Ausmaß von $I_0 = 4,5°$ MS, $F = 500$ km² oder mehr.

Bei Betrachtung der zeitlichen Abfolge der Erdbeben ergeben sich mehrere Schwerpunkte der Aktivität, darunter der siebenjährige Zeitabschnitt 1905—1911 mit insgesamt 14 Beben. Die Epizentren waren damals auf den ganzen Raum mit Ausnahme der Nordwest-Ecke Klaus-Molln verteilt und wechselten beliebig; der Höhepunkt fiel auf die Jahre 1907 (Admont 6°/17000 km²) und 1908 (Hieflau 5,5°/2000 km²). In den

Jahren 1918 und 1920 war Aigen im steirischen Ennstal mit fünf Erdbeben (Hauptbeben 17. September 1918, 5,5°/3200 km²) sehr aktiv, Oberösterreich mit dem 5°-Beben in Vorderstoder und dem kleinen Schwarmbeben von Klaus-Steyrling (neun Stöße in zehn Tagen) beteiligt. Auf das Bebenjahr 1924 folgte dann eine elfjährige Ruhepause

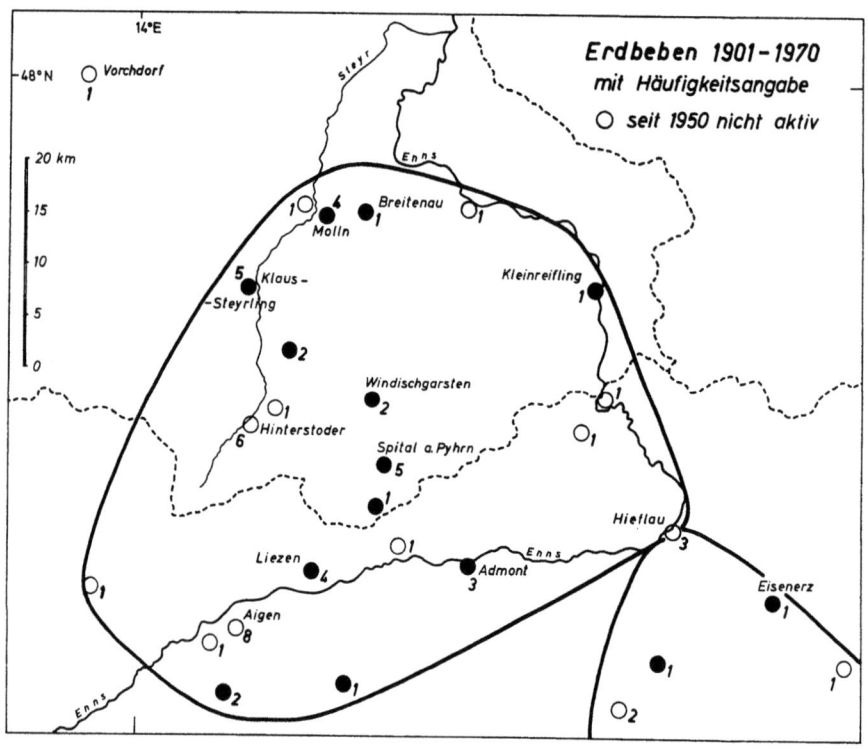

Abb. 1. Die Erdbebentätigkeit seit 1901 im seismischen Quellgebiet zwischen Steyr- und Ennstal

im gesamten Raum. Seit 1936 wechseln Bebentätigkeit und -ruhe ab, wobei zuerst das steirische Ennstal mehr betroffen war (1936 Liezen-Pyhrnpaß 5°/2500 km²; 1945 Admont 5,5°/$\geq$ 4500 km²) und ab 1957 nur noch Beben auf oberösterreichischem Boden vorkamen.

Das stärkste in historischer Zeit erfolgte Erdbeben in dem betrachteten seismischen Quellgebiet hatte sich am 18. Juli 1810 in Admont zugetragen. Die Chronisten berichteten von namhaften Beschädigungen an Gebäuden in Admont, nichts jedoch über die Ausbreitung des Bebens, weshalb ein kleines Schüttergebiet und geringe Herdtiefe angenommen werden kann.

2. Makroseismische Untersuchungen

2.1. Das Beobachtungsmaterial

In den ersten Tagen nach dem seismischen Ereignis in Molln gingen an der Zentralanstalt für Meteorologie und Geodynamik in Wien sehr viele Meldungen ein, die entweder spontan oder auf Grund der Aufforderung in Presse, Hörfunk und Fernsehen erfolgten. Die eingelangten Berichte wurden zunächst nach Bundesländern geordnet und die Meldeorte auf einer Österreichkarte vom Maßstab 1 : 600 000 mit Stecknadeln markiert. Dadurch konnte man leicht feststellen, aus welchen Gegenden noch keine oder zuwenig Meldungen gekommen waren, und geeignete Orte auswählen und anschreiben, um zusätzliche Bebeninformationen zu erhalten. Dementsprechend wurden am 2. und 3. Februar insgesamt 224 Anfrageschreiben mit Formularen an Gendarmeriepostenkommanden (außerhalb Oberösterreichs) und an Schulleitungen verschickt; in Oberösterreich waren bereits alle Gendarmeriedienststellen durch das Landesgendarmeriekommando in Linz zur Abgabe von Meldungen an die Zentralanstalt verpflichtet worden. Zwei Wochen später erfolgte noch eine abschließende Aussendung von 17 Anfragen, wodurch sich deren Gesamtzahl auf 241 belief. Die Antworten waren zum kleineren Teil Wahrnehmungsberichte, zum größeren Teil Fehlanzeigen; nur ein geringer Bruchteil der Aussendung blieb unbeantwortet. Obwohl im Epizentralgebiet faktisch aus allen Orten Bebenberichte einlangten, war gerade hier das Verlangen nach ausreichender Stationsdichte nicht erfüllbar, weil die Gegend südwestlich bis südöstlich vom Epizentrum ein dünn besiedeltes Bergland ist. Während der mittlere Punkteabstand im Nordraum des pleistoseisten Gebietes kaum 5 km erreichte, betrug die Distanz zum nächsten Ort in südöstlicher Richtung 25 km.

Entsprechend dem hochentwickelten makroseismischen Dienst in Österreich und dank der Aufgeschlossenheit der Bevölkerung waren Menge und Inhalt der abgegebenen Berichte überdurchschnittlich gut.

Nur bei den Fehlanzeigen wurde offenbar nicht immer die erforderliche Sorgfalt aufgewendet; in etlichen Fällen hatte die Negativmeldung keine Aussagekraft. Von großem Vorteil erwies sich die Verwendung der amtlichen Meldekarte, die durch gezielte Fragen eine kurze präzise Darstellung der Bebenwahrnehmung erzwang und dadurch leicht auszuwerten war.

Die Gesamtzahl der Bebenberichte aus Österreich betrug 913, einschließlich der 56 schriftlich festgehaltenen telephonischen Mitteilungen und der Daten aus den Klimabögen von 29 meteorologischen Stationen; die Meldungen verteilten sich auf die Bundesländer wie folgt:

Oberösterr.	Niederösterr.	Wien	Steiermark	Kärnten	Salzburg	Tirol
390	210	162	74	35	39	3

Von den eingelangten drei Zeitungsausschnitten war ein mit Abbildungen versehener Eigenbericht der „Oberösterreichischen Nachrichten" (Jg. 103/Nr. 24 vom 30. Jänner 1967) über die Bebenauswirkungen im Epizentralgebiet recht aufschlußreich. Aus dem Ausland kamen sechs schriftliche Einzelmeldungen (fünf aus Bayern, eine aus Dresden) und vom Geophysikalischen Institut in Prag ein vorläufiger Sammelbericht mit Kartenbeilage über die Bebenbeobachtungen in der ČSSR. Aus dem zu einem späteren Zeitpunkt übermittelten endgültigen Bericht des Prager Geophysikalischen Instituts geht hervor, daß das Mollner Beben in 112 tschechischen Orten wahrgenommen wurde und daß von insgesamt 251 Meldungen 61 aus Prag, 14 aus Brünn und 17 aus Budweis stammten. In der Mehrzahl der Fälle wurde die örtliche Bebenstärke mit 4° MS angegeben.

Den weitaus wertvollsten Beitrag an Beobachtungsmaterial lieferte jedoch die Ennskraftwerke Aktiengesellschaft, die wegen eines geplanten Kraftwerkbaues im Mollner Raum an der genauen Kenntnis der dortigen Bebenwirkungen interessiert war und aus eigenem eine Schadenserhebung durchführte. Eine Liste von 150 ermittelten Schadensfällen, zehn instruktive photographische Aufnahmen und eine Situationskarte wurden der Zentralanstalt für Meteorologie und Geodynamik von der Ennskraftwerke AG in Steyr dankenswerterweise zur Verfügung gestellt. Die Schadensaufnahme hatte sich über das ganze Gemeindegebiet von Molln erstreckt. Dieses ist 191 km² groß und besteht aus den Katastralgemeinden Breitenau (mit Gstadt), Molln (mit Au) und Ramsau (mit Frauenstein); nach den Angaben im Österreichischen Amtskalender 1967 betrug die Zahl der Häuser 728, die der Einwohner 3387. Aus der Erhebungsliste konnte man entnehmen, daß die überwiegende Mehrzahl der beschädigten Häuser Altbauten oder solche mit neueren Zubauten waren; nur in 15 Fällen ($\hat{=}$ 10%) handelte es sich um echte Neubauten. Die Anzahl der negativen Meldungen hängt selbstverständlich vom Umfang der Ausschreibung ab. Im vorliegenden Fall wurden 256 Negativmeldungen zustande gebracht, die sich folgendermaßen auf die Bundesländer verteilten:

Oberösterr.	Niederösterr.	Burgenland	Steiermark	Kärnten	Salzburg	Tirol
98	50	3	39	31	26	9

Die hohe Anzahl der Fehlanzeigen aus Oberösterreich ist auf die schon früher erwähnte Meldepflicht der Gendarmerieposten dieses Bundeslandes zurückzuführen.

Für die Bearbeitung des Mollner Bebens standen demnach insgesamt 1178 Einzelinformationen und der Sammelbericht aus der ČSSR zur Verfügung. Sobald die ersten Ergebnisse vorlagen, übermittelte die Zentralanstalt für Meteorologie und Geodynamik allen Meldern als Dank für die Mithilfe einen kurzen Bericht samt Isoseistenkarte.

2.2. Auswertung und Bearbeitung

Die Bestimmung der Bebenstärke erfolgte einheitlich nach der zwölfteiligen Skala von Mercalli-Sieberg und lag ausschließlich in den Händen von Frau G. Lukeschitz, die schon seit vielen Jahren die Klassifizierung aller der Zentralanstalt zugegangenen Bebenmeldungen besorgt. Die 1964 von Medvedev, Sponheuer, Kárník vorgeschlagene, stark detaillierte makroseismische Skala leistete zusätzlich gute Hilfe (s. Sponheuer 1965). Nach Möglichkeit wurde auf Halbgrade bzw. durch Hinzufügen der Symbole „+" bei leichtem Überschreiten und „—" bei unvollständigem Erreichen des zukommenden Stärkegrades auf weitere Zwischenstufen der Skala klassifiziert. Ließen die Angaben eine sichere Erfassung der Bebenstärke nicht zu, wurde die

Gradzahl eingeklammert. Lagen von einem Ort mehrere Bebenberichte vor, wurde die zugehörige Bebenstärke aus dem zusammengefaßten Beobachtungsmaterial und nicht durch bloßes Mitteln der aus den Einzelmeldungen erhaltenen Stärkewerte bestimmt. Beim Beurteilen von Bebenwahrnehmungen in Gebäuden wurde eine Stockwerkskorrektur im allgemeinen nicht angebracht und nur in Sonderfällen (obere Stockwerke in Hochhäusern) entsprechend niedriger eingestuft. Gab es von einem Ort sowohl eine positive als auch eine negative Meldung, was in 21 Fällen vorkam, wurde der letzteren wenig Gewicht beigemessen. Einzelne im Fühlbarkeitsbereich eingestreute Stellen mit Negativmeldung blieben unberücksichtigt, wirkten aber reduzierend auf die Bebenstärken in der Umgebung.

Bebenberichte aus Großstädten, die eine hohe Besiedlungsdichte aufweisen und mehr Möglichkeiten für die Wahrnehmung von Bebenwirkungen bieten, sind etwas anders zu behandeln und zu beurteilen. Ist die Entfernung zum Epizentrum klein und fällt viel Beobachtungsmaterial an, wird eine eingehende Bearbeitung mit Hilfe eines Stadtplanes notwendig sein; dabei erhält man Aufschlüsse über lokale Besonderheiten des Untergrundes. Bei größerer Epizentraldistanz kann es unwillkürlich zu einer Überschätzung der Bebenstärke kommen; der Vergleich mit der Umgebung hilft, einen solchen Fall zu vermeiden. Gelegentlich werden von einzelnen Bewohnern in Großstädten, die weit außerhalb des geschlossenen Fühlbarkeitsbereiches liegen, einwandfreie Bebenwahrnehmungen gemacht; da diese nur durch das Zusammentreffen mehrerer günstiger Umstände zustande kommen, sind Stärkewerte unter 3° MS anzuwenden. — Beim Mollner Beben wurden nur die Städte Linz und Wien genauer untersucht. Die 35 Meldungen aus Linz (205560 Einwohner auf 96 km^2 Fläche) erbrachten keine örtlichen Besonderheiten im Stadtbereich und keine Unterschiede gegenüber der Umgebung; die Stadt liegt mitten im 4°-Feld. Die 162 Berichte aus Wien (1639330 Einwohner auf 414 km^2) reichten gerade aus, um drei Isoseisten (4°, 3,5°, 3°) zu entwerfen; für eine Spezialuntersuchung wäre mehr Material und eine gleichmäßigere Verteilung der Meldestellen über das gesamte Stadtgebiet erforderlich gewesen.

Neben dem Klassifizieren der Berichte erfolgte laufend die Eintragung der Meldeorte samt Bebenstärke auf einer Transparentfolie, die über eine Österreichkarte 1 : 500000 gelegt war. So bald wie möglich wurde mit dem Entwerfen vorläufiger Isoseisten begonnen und dabei getrachtet, einen unkomplizierten Linienverlauf zu erhalten. Dementsprechend blieben einzelne, durch zu große oder zu geringe Bebenstärken herausfallende Orte unberücksichtigt, was bei der großen Schwankungsbreite der Einzelbeobachtung ja erlaubt ist.

Beim Entwurf der Isoseisten 6° und 5° gab es an sich keine Überlegungsschwierigkeiten, außer daß die Linien wegen des schon früher erwähnten Mangels an Siedlungen zum Teil durch größere „Leerräume" geführt werden mußten. Während das Ziehen der Zwischenisoseiste 5,5° MS eher einen Versuch darstellte, war der eindeutige und glatte Verlauf der 4,5°-Isoseiste von vornherein deutlich erkennbar. Diese Isoseiste verläuft fast durchwegs im Bereich von Siedlungen und umgrenzt tatsächlich das Gebiet der allgemeinen Fühlbarkeit; die Einbeziehung vereinzelter 4,5°-Stellen aus der weiteren Umgebung unterblieb, da sie eine Mitnahme „negativer Orte" zur Folge gehabt hätte. Für die Abgrenzung der Schütterfläche durch die 4°-Isoseiste lag genügend Beobachtungsmaterial vor, doch gestaltete sich die Linienführung etwas schwieriger, weil die Entscheidungsfreiheit über Ein- oder Ausschluß entfernterer 4°-Stellen größer war. Ohne gegen die durch die Berichte gegebenen Tatsachen arg zu verstoßen und ohne das Verlangen nach einem übersichtlichen Kurvenverlauf ganz aufzugeben, entstand schließlich ein 4°-Isoseistenzug mit vielen Aus- und Einbuchtungen und einer Insel; dabei wurden 20 Negativorte eingeschlossen, was einem Anteil von 8% aller Meldeorte der 4°-Fläche entspricht.

Bei der Festlegung der 3°-Isoseiste geben Unterschiede in der Beurteilung flächenmäßig schon mehr aus. Im vorliegenden Fall kam dazu, daß die Isolinie zum größeren Teil im Ausland (Deutschland, Tschechoslowakei) verläuft. Die erfahrungsgemäß geringere Anzahl von Meldungen aus dem 3°-Feld ließ sich zwar durch die bereits erwähnte Anfrageaktion erheblich aufbessern, doch wurde die erwünschte Punktedichte in diesem Bereich nicht erreicht, woran zum Teil auch der ungünstige Zeitpunkt des Bebens schuld war. Im allgemeinen fällt die 3°-Isoseiste mit der Fühlbarkeitsgrenze zusammen. In der Nähe derselben, wo es bereits viele Negativstellen gibt, kommt den Orten mit Bebenwahrnehmung größere Bedeutung zu. Sobald der Rand des Fühlbarkeitsbereiches durch Negativmeldungen genügend breit markiert ist, scheiden alle entfernter gelegenen „Positivorte", bei denen die Bebenwahrnehmung meist nur günstigen Zufällen zu danken ist, aus dem eigentlichen Schüttergebiet aus. — Die 3°-Isoseiste wurde im österreichischen Abschnitt so gezogen, daß sie alle herdfernsten Positivorte miteinander verbindet mit Ausnahme von Wörgl in Tirol; diese Stadt war um mindestens 45 km noch weiter westlich gelegen als die anderen Wahrnehmungsorte in Westösterreich und durch mehrere Negativpunkte isoliert. Im ausländischen Teil ist die 3°-Isoseiste so festgelegt, daß auf bayrischem Gebiet München, in der ČSSR drei kleinere Orte und Ostrau (Ostrava) außerhalb der geschlossenen makroseismischen Fläche bleiben.

Aus zwei herdfernen Orten in Österreich wurde über Bebenwirkungen berichtet, die unterhalb der menschlichen Fühlbarkeitsschwelle lagen. Die eine Meldung besagte, daß bei den Mineralwasserquellen von Bad Gleichenberg, Südoststeiermark, im Zusammenhang mit dem Erdbeben ein Schwanken der Quellenschüttung eingetreten ist; die andere teilte mit, daß der Gewichtsbarograph der Universität in Innsbruck das Beben durch Ausschläge bis zu 3,1 mm angezeigt hat.

2.3. Schütterfläche und Isoseistenbild

2.3.1. Das Schadensgebiet

Dank des Beitrages der Ennskraftwerke AG war es möglich, die Lage des makroseismischen Epizentrums trotz der ungünstigen Lage mit außergewöhnlicher Genauigkeit anzugeben. Nach sorgfältiger Klassifizierung der 150 Schadensfälle wurde die Eintragung in die topographische Karte 1 : 20000 vorgenommen. Abb. 2 zeigt eine stark vereinfachte verkleinerte Nachzeichnung derselben mit den einzelnen Schadensstellen, wobei die 32 Stellen in Molln-Ort und die neun Stellen in Au-Gstadt zusammengefaßt dargestellt sind. Die Auswertung der anderen Beobachtungsberichte, die aus dem Bereich der Gemeinde Molln kamen, erbrachte gleiche Ergebnisse, doch konnte ein Einarbeiten in die Abb. 2 mangels genauer Kenntnis der Örtlichkeit nicht durchgeführt werden.

Nunmehr wurde der Versuch unternommen, Viertelgrad-Isoseisten zu zeichnen ($6\tfrac{3}{4}°$, $6\tfrac{1}{2}°$, $6\tfrac{1}{4}°$) mit dem Ziel, das Epizentrum recht

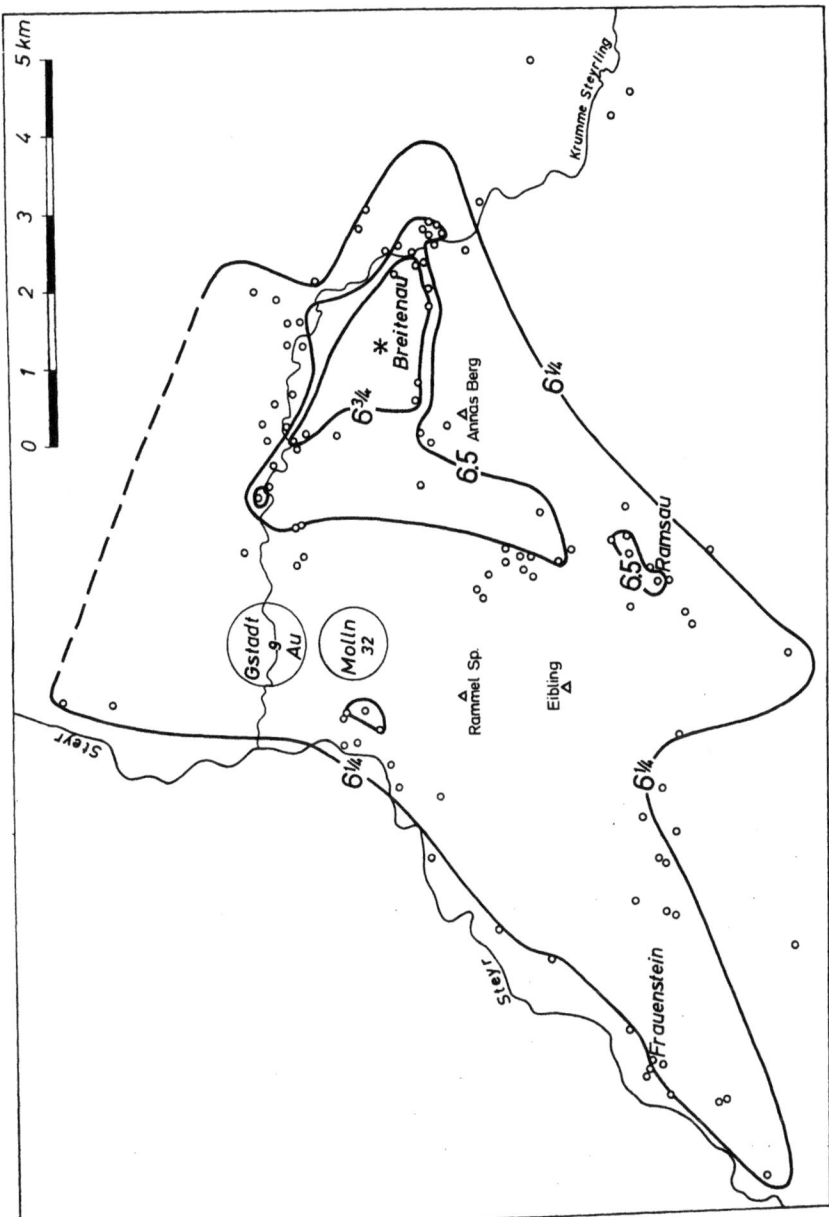

Abb. 2. Mollner Starkbeben vom 29. 1. 1967: Isoseistenbild im Epizentralbereich

genau zu fixieren. Die Isoseiste $6\sfrac{3}{4}°$ umgrenzt das tatsächlich am stärksten erschütterte Gebiet. In dieser ungefähr dreieckigen, etwa 2,1 km² großen Fläche liegen die betroffenen Bauernhöfe nahe am Rand, das makroseismische Epizentrum befindet sich irgendwo im Flächeninnern; gegenüber der angenommenen zentralen Lage (47° 52,8° N, 14° 18,7° E) ist eine Abweichung von höchstens 800 m möglich.

Anstelle einer ausführlichen Beschreibung der aufgetretenen Schäden seien nur jene zwei größten Schadensfälle herausgegriffen, die für die Beurteilung der Maximalbebenstärke maßgebend waren. Es handelt sich erstens um das nordwestlich vom Epizentrum gelegene Anwesen Molln 158, wo, wie die Photographien zeigten, auf ein ebenerdiges Althaus aufgestockt worden war und der ganze Aufbau nunmehr wegen Einsturzgefahr gepölzt werden mußte. Der zweite Fall betrifft das südwestlich vom Epizentrum gelegene Anwesen Breitenau 32, wo ebenfalls bei einem Altbau der ganze Hausstock schweren Schaden erlitt und Einsturzgefahr drohte. Beide Gebäude dürfen im Sinne der Mercalli-Sieberg-Skala als „schlecht gebaute Häuser" bzw. nach der Medvedev-Sponheuer-Kárník-Skala als der Bautype A (ländliche Bauten) zugehörig betrachtet werden. Nach beiden Skalen könnte hier der Stärkegrad 7 erreicht sein, denn es braucht an mangelhaften Bauten durchaus nicht zu Zerstörungen kommen. Nun scheint aber in den vorliegenden Fällen kein Zweifel zu bestehen, daß die Aufstockungen ziemlich primitiv ausgeführt worden sind und daß der Oberbau bei den Bebenstößen die Bewegungen des Erdgeschosses nicht mitgemacht hat. Demnach war für diese Schäden die Stärke eines 7°-Bebens nicht erforderlich — und es bestätigen alle übrigen Schadensfälle in Epizentrumsnähe, daß die maximale Bebenstärke den 7. Grad nicht erreicht hat. Diese Ansicht wird erhärtet, wenn man das Verhältnis der beschädigten Gebäude zu den unbeschädigten untersucht; so müßten z. B. nach der MSK-Skala 75% der ländlichen Bauten starke Beschädigungen aufweisen, was offensichtlich nicht der Fall ist.

In der bis zur 6,5°-Isoseiste reichenden Zone befinden sich einzelne sowohl stärker als auch schwächer erschütterte Stellen. Das Gebiet ist nach außen größtenteils scharf abgegrenzt und die wenig belegte Westgrenze kann kaum anders verlaufen. Die Verbindung nach Ramsau ist unterbrochen, die 6,5°-Insel hebt sich deutlich von der schwächer betroffenen Umgebung ab. Die 6¼°-Isoseiste, deren Verlauf in manchen Abschnitten unsicher ist (unterbrochener Linienzug in Abb. 2), verbleibt noch innerhalb der Grenzen der Gemeinde Molln. Die Isoseiste rückt im Nordosten bis 1200 m an das Epizentrum heran und entfernt sich am weitesten in nordwestlicher und westsüdwestlicher Richtung; hier kommt sicherlich der Einfluß der Oberflächengeologie zum Ausdruck. Für Molln-Ort und Au-Gstadt ergibt die Mittelung 6,3° bzw. 6,2° MS; knapp westlich vom Ort Molln bilden drei stärkere Schadensstellen eine kleine 6,5°-Insel.

Das Beobachtungsmaterial, das der Erarbeitung der 6°-Isoseiste zugrunde lag, war weniger reichlich und von unterschiedlicher Qualität. Wie üblich wurde das Vorliegen von geringen Schäden mit 6° MS bewertet, doch ergab die nochmalige Durcharbeit, daß bei der Beurteilung der Bebenstärke offenbar ein strengerer Maßstab angelegt werden muß. Bei der neuerlichen Prüfung der in Betracht kommenden Meldungen wurde festgestellt, daß ein wesentliches Merkmal des 6. Grades fast überall fehlte, nämlich das Erschrecken der Menschen (nach der MSK-Skala „Viele in den Häusern werden erschreckt und laufen ins Freie"). In der Annahme, daß eher der Zustand der Gebäude schlecht war als das Verhalten der Menschen gelassen, wurde in einigen Fällen die Bebenstärke auf 5¾° MS herabgesetzt; möglicherweise hätten noch mehr Meldungen etwas niedriger eingeschätzt werden können. Durch die vorgenommene Reduktion verläuft die endgültige 6°-Isolinie allseits herdnäher und umschließt nur zwei Drittel der ursprünglich angenommenen Fläche. Die 6°-Isoseiste umfaßt außer dem Gemeindegebiet von Molln Teile der angrenzenden Gemeinden St. Pankraz, Klaus, Micheldorf und Grünburg im Bezirk Kirchdorf/Krems sowie Teile von Ternberg und Reichraming im Bezirk Steyr. Schließt man die schmale Zone bis zur 5,5°-Isoseiste noch in das Gebiet mit Schadenswirkung ein, so ergibt sich eine Gesamtschadensfläche von höchstens 550 km².

Bei den verursachten Schäden handelt es sich um typische Erdbebenschäden: 17 Kamineinstürze, viele Kaminbeschädigungen, zahlreiche Risse und Sprünge im Mauerwerk (an Wänden und Decken), in Stockwerken, Mansarden, Erdgeschossen und Kellern, ferner Dachschäden, Lockerung von Fensterstöcken, Verschiebung von Pfeilern, Schäden am Warengut zweier Kaufmannsläden und schließlich ein

Felssturz in die Krumme Steyrling, wodurch das Bachbett eine Verengung erfuhr. Die Höhe des Einzelschadens betrug (1967) maximal S 50 000,—,der Gesamtschaden schätzungsweise S 600 000,—.

Abschließend sei noch kurz über die Wirkung auf Menschen und Tiere berichtet. Zum Zeitpunkt des Bebens lagen sehr viele Leute zu Bett und wurden durch die Stöße aus dem Schlaf gerissen, aber verhältnismäßig wenig Personen eilten ins Freie; offenbar hatten sie den ersten Schrecken rasch überwunden. Da sich das Beben gerade an einem Wochenende im Fasching ereignet hatte, war anderseits noch eine Menge Leute munter und huldigte dem Tanz. So erlebten die Teilnehmer am Feuerwehrball im Gasthaus Steiner, Breitenau 26, das Erdbeben sozusagen „aus nächster Nähe". Auf dem Tanzboden vibrierte das Holz, das Haus ächzte in seinen Fugen und plötzlich klaffte ein Riß in der Wand. Die 150 Gäste hielten sich nicht an das Gebot des Wirtes, Ruhe zu bewahren, sondern stürmten in wilder Flucht die Ausgänge, wobei eine Flügeltür in Brüche ging. Im Freien verflog die Panik schnell, doch war die Lust am Tanzen vergangen; die Sorge um das eigene Anwesen und die Daheimgebliebenen trieb die Leute nach Hause. — Das Erdbeben wurde auch als Aufsatzthema in der Volksschule Innerbreitenau verwendet; dadurch erhielt die Zentralanstalt sehr anschauliche Erlebnisberichte von sechs älteren Schulkindern, wie sie und ihre Geschwister aus dem Schlaf geschreckt wurden usw. Auffallenderweise hat die Bevölkerung das starke Hauptbeben und die Folgen desselben mit mehr Fassung ertragen als die leichten Nachbeben (im Epizentrum) am gleichen Morgen und auch die weiteren Bebenvorfälle in Molln. Über das Verhalten der Tiere wurden nur wenig Angaben gemacht. In Breitenau brüllten die Kühe und zerrten an den Ketten. Aus dem weiter östlich gelegenen Arzberg wurde berichtet, daß die Stalltiere Unruhe zeigten und die Tauben die Schläge noch „vor dem Beben" (dieser Zeitpunkt entspricht der P-Phase) verließen.

2.3.2. *Das übrige Schüttergebiet*

Die Isoseisten sind im Idealfall Kreise mit dem Epizentrum als gemeinsamem Mittelpunkt. Wie aus Abb. 3 ersichtlich ist, zeigen die Isoseisten 6,5° bis 4,5° MS eine bevorzugte Erstreckung nach südlichen Richtungen, und es liegt das Epizentrum für alle Linien gleich exzen-

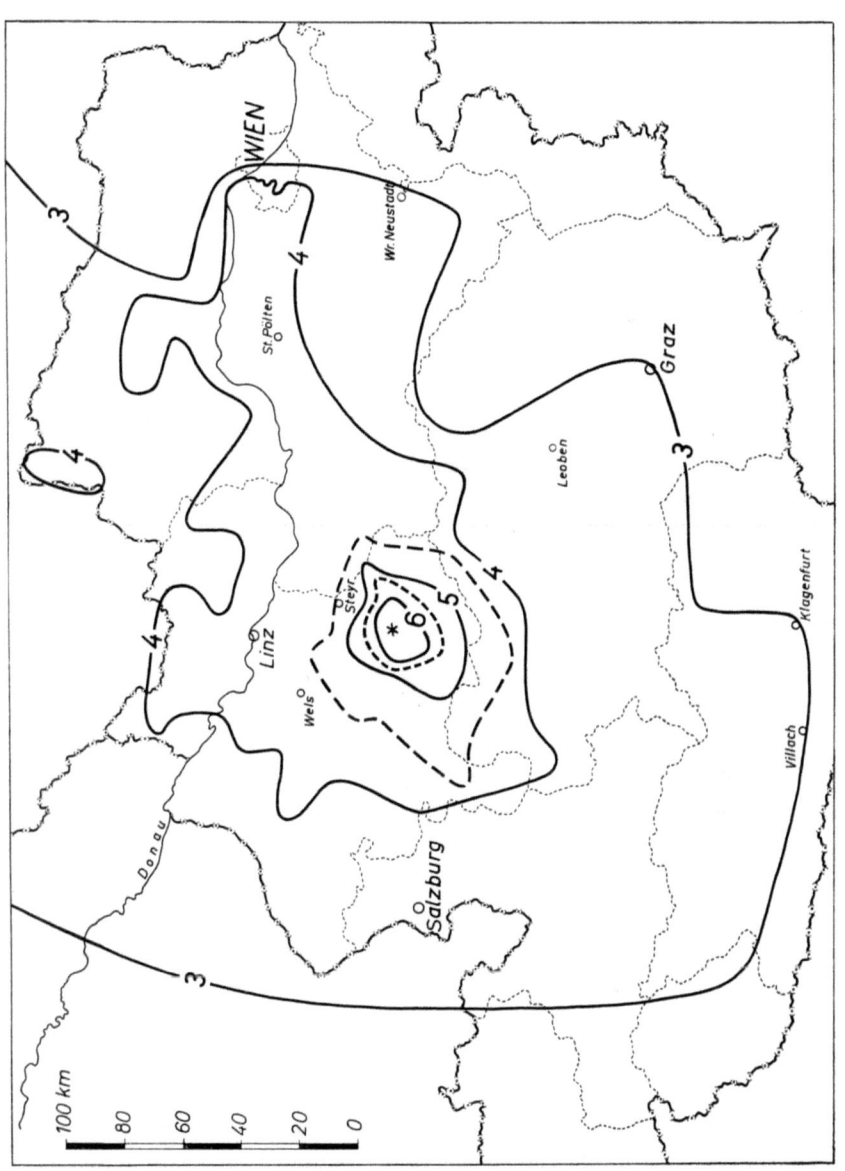

Abb. 3. Mollner Starkbeben vom 29. 1. 1967: Isoseistenbild in Österreich

trisch. Die 4,5°-Isoseiste umschließt im Norden knapp die herdnächste größere Stadt (Steyr mit 41 220 Einwohnern in 20 km Epizentraldistanz), greift nach Niederösterreich und Steiermark über und reicht am weitesten nach Südwesten ins Salzkammergut (Bad Ischl und Goisern in fast 60 km Entfernung).

Erst bei der 4°-Isoseiste kommen die Einflüsse der Tiefen- und der Oberflächengeologie stark zum Ausdruck. Die übergroße Ausbreitung in Richtung Ostnordost bis nach Wien erfolgt im Streichen der Alpen; eine bestimmte Gesteinsschichte des Alpenkörpers (Flysch) wird also die Bebenenergie in dieser Richtung bevorzugt fortpflanzen. Das gilt auffälligerweise nicht für die Bebenausbreitung nach Westen in Richtung Salzburg; die gutleitende Gesteinsschicht setzt sich entweder nach Westen nicht fort oder hat die Fähigkeit, die Bebenwellen begünstigt fortzupflanzen, verloren (geänderte Tiefenlage, Mächtigkeit, Materialbeschaffenheit oder geringere Homogenität). Bei einem Vergleich mit dem Scheibbser Beben vom 17. Juli 1876 (s. Kowatsch 1911) zeigt sich ebenfalls eine bevorzugte Bebenausbreitung in Richtung Wien und ein rasches Abklingen nach Westen. Im Südteil des Schüttergebietes tritt eine totale Änderung ein, da die 4°-Isoseiste zum Unterschied von den höheren Isoseisten nun herdnah verläuft und dabei deutlich mit der Nordgrenze des Zentralalpenzuges zusammenfällt. Die größere Ausdehnung des 4°-Feldes im nördlichen Teil wird durch das Böhmische Massiv, in dem sich bekanntlich die Bebenenergie besonders gut fortpflanzt, herbeigeführt. Nach neueren Erkenntnissen hat die Böhmische Masse ihren Ursprung unter dem Alpenkörper; sie wird im Alpenvorland von Sedimenten bedeckt und kommt erst im Donauraum an die Oberfläche (Hinweis bei Gangl 1969). Die kleineren Ein- und Ausbuchtungen der 4°-Isoseiste sowie die 4°-Insel bei Gmünd werden schwerlich zu erklären sein, da man im Einzelfall nicht abschätzen kann, ob die abweichenden makroseismischen Daten auf Zufälligkeiten oder auf geologische Faktoren zurückzuführen sind. Eine brauchbare Interpretation wäre beim Vorliegen mehrerer ähnlicher Bebenvorfälle möglich.

Die 3°-Isoseiste (in Abb. 3 und 4) ist im österreichischen Teil dank der durch die Anfrageaktion reichlich erhaltenen Informationen etwas mehr als nur die Verbindungslinie aufeinanderfolgender herdfernster 3°-Punkte. Das beweisen die drei Einbuchtungen im Süden, Südosten

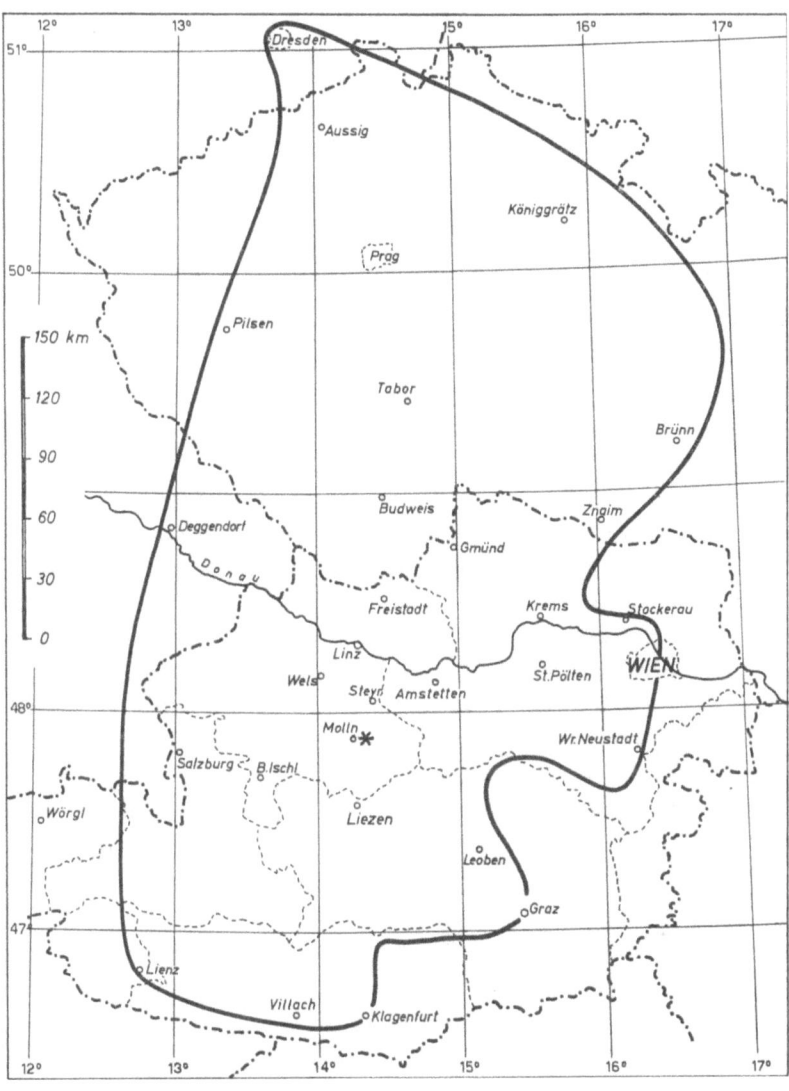

Abb. 4. Mollner Starkbeben vom 29. 1. 1967: Gesamtgebiet fühlbarer Erschütterung

und Nordosten, die ohne negative Meldungen nicht zustande gekommen wären. Möglicherweise ist die Heranführung der 3°-Isoseiste bis ins Stadtgebiet von Graz nicht ganz zutreffend. Bei Annahme, daß die in Großstädten auftretenden Bebenstärken eher über- als unterschätzt werden, könnte Graz eine Intensität von weniger als 3° MS zukommen; dann würde die Isolinie 15 km nordwestlich an Graz vorbeigehen und eine Fläche von 600 km^2 ausschließen. Zwischen Graz und Wiener Neustadt rückt die Fühlbarkeitsgrenze nahe an die 4°-Isoseiste heran und erreicht hier den kürzesten Abstand zum Epizentrum (68 km). Im Raum Wien ist der Intensitätsabfall sehr beachtlich und durch die vorhandenen geologischen Unterschiede leicht zu erklären. Das Stadtgebiet hat im Westen noch Anteil an den Bergen des Wienerwaldes, gegen Osten folgen zuerst Schotterterrassen und anschließend die aus feinem Lockermaterial bestehende Donauniederung. Während das Beben im Westteil der Stadt mit dem fester gefügten Untergrund — das Tal des Wienflusses ausgenommen — noch mit Stärke 4° MS gefühlt werden konnte, ist die Zone bis zur 3,5°-Isoseiste, die zu entwerfen das Beobachtungsmaterial gestattete, schmal und schließt das Stadtzentrum mit ein. Der Umstand, daß im Gebiet von Wien keine Umfrage veranstaltet worden war, hatte zur Folge, daß zuwenig Beobachtungen über schwächere Bebenwirkungen ($\leq$ 3° MS) vorlagen und Negativmeldungen überhaupt fehlten. Da jedoch aus den östlicher gelegenen Nachbarorten in Niederösterreich Fehlanzeigen kamen, mußte die Grenzisoseiste noch auf Wiener Boden verlaufen; für deren Festlegung standen bloß zwei Berichte zur Verfügung. Nördlich der Stadt zieht sich die Fühlbarkeitsgrenze bis nahe an den Ostrand der Böhmischen Masse zurück und zeigt damit die geringe Bebenausbreitung im nördlichen Wiener Becken an.

Die „ausländische" 3°-Isoseiste verläuft im Westen ab der Landesgrenze Salzburg—Tirol in nördlicher Richtung durch Bayern und tritt nach Passieren des Koordinatenschnittpunktes 49° N/13° E auf tschechoslowakisches Gebiet über; sie zieht an Pilsen (Plzeň) vorbei und erreicht den nördlichen Umkehrpunkt bei Dresden in 362 km Epizentraldistanz. Dann verläuft die Grenzisoseiste zunächst in südöstlicher Richtung in weitem Bogen um Königgrätz (Hradec Králové) und dreht noch vor Berührung mit dem 17. Längengrad nach Süden bzw. Südwesten, wobei Brünn (Brno) und Znaim (Znojmo) mitgenommen werden.

2.4. Die Herdtiefe

Voraussetzung für eine taugliche Herdtiefenbestimmung auf makroseismischer Grundlage ist ein sorgfältig ausgearbeitetes Isoseistenbild. Dieses wird, ohne die einzelnen Flächeninhalte zu ändern, in ein aus konzentrischen Kreisen bestehendes Gebilde umgewandelt und hieraus der zu jeder Isoseiste I_n zugehörige (mittlere) Radius r_n bestimmt. Die Wertereihe $r_n, r_{n-1}, \ldots, r_3$ stellt ein Abbild der Energieausbreitung dar, in welchem der Einfluß der Herdtiefe h und der Absorption α enthalten ist. Unstimmigkeiten, die in der Reihe der r_n auftreten, sind entweder auf naturbedingte Einflüsse (Geologie des Untergrundes) oder auf Mängel des Beobachtungsmaterials bzw. der Interpretation zurückzuführen; in Zweifelsfällen müssen die Auswerteergebnisse überprüft und gegebenenfalls anders beurteilt werden.

Bei der Bearbeitung des Mollner Bebens wurde zunächst die Gassmannsche Formel $\log\left(\frac{r_n^2}{h^2} + 1\right) = \frac{2}{3}(I_0 - I_n)$ angewendet und mit jedem ausgemessenen Isoseistenradius r_n eine Berechnung der Herdtiefe h vorgenommen (Gassmann 1926). Mit den Radien $r_{5,5}, r_5, r_{4,5}$ wurden sehr gut übereinstimmende h-Werte erhalten, hingegen ergaben die (zu großen) Isoseistenradien r_6, r_4, r_3 tiefere Herdlagen. Während die große Ausdehnung der 4°- und 3°-Fläche geologisch begründet war, konnte bei r_6 eine Überschätzung der Schadensfläche vorliegen. Diese Möglichkeit gab Anstoß zur Kontrolle aller mit 6° MS klassifizierten Meldungen und führte zu der auf Seite 13 erwähnten Verkleinerung der 6°-Fläche. Nach Revision des Isoseistenbildes wurden mit den endgültigen Radien unter Annahme von $I_0 = 6\frac{3}{4}°$ MS nachstehende h-Werte ermittelt:

I ° MS	6	5,5	5	4,5	4	3
r km	9,1	13,3	19,5	33	70	165
h km	6¼	5½	5¼	6	8½	9¼

Anschließend wurde die Intensitätsabnahmekurve (Abb. 5) gezeichnet, die wiederum zeigt, daß das Mollner Beben 7° MS nicht erreicht hat. Weiters folgte der Vergleich mit den von Sponheuer 1960 entworfenen

Standardkurven für bestimmte Absorptionswerte und Herdtiefen; dabei war eine Ähnlichkeit bei $\alpha = 0{,}001$ und den h-Kurven für 5 km und 10 km festzustellen. Da offensichtlich bei noch kleinerem α eine bessere Kurvenanpassung zu erwarten war, wurden die hiefür geeigneteren σ, η-Diagramme von Ullmann (s. Sponheuer 1960) genommen und bei $\alpha = 0{,}0008$ die beste Übereinstimmung der h-Werte, die den vorhin angeführten sehr ähnlich sind, gefunden.

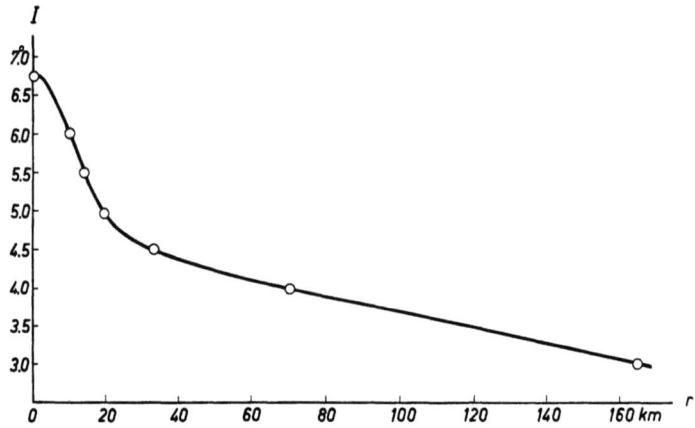

Abb. 5. Mollner Starkbeben vom 29. 1. 1967: Intensitätsabnahmekurve

Als wahrscheinlichste auf makroseismischem Wege gewonnene Herdtiefe ergibt sich demnach $h = 6$ km bei Beschränkung auf die vier inneren Isoseistenflächen oder $h = 7$ km unter Hinzunahme der 4°- und 3°-Fläche.

2.5. Die Magnitude

Bekanntlich wird die Magnitude M eines Erdbebens aus instrumentellen Aufzeichnungen gewonnen, weshalb für die Magnitudenbestimmung primär das Sachgebiet Mikroseismik zuständig ist. Nun war aber das Bestreben, für jedes Beben die Magnitude angeben zu können, entstanden und immer stärker geworden. Da von jedem beobachteten Erdbeben nicht unbedingt eine Registrierung vorliegen muß und da es vor 1900 praktisch keine Seismogramme gab, bestand die Notwendigkeit, eine brauchbare mathematische Beziehung zwischen I_0 und M herzustellen. Ausgehend von dem allgemeinen Ansatz

$$M = a\,I_0 + b\lg h + c$$

bzw. bei unbekannter Herdtiefe vom Ansatz

$$M = a\,I_0 + c'$$

haben die Seismologen vieler Länder regional gültige Umrechnungsformeln aufgestellt. Um die Sammlung dieser Daten, besonders von Europa, und um eine weitere Verarbeitung hat sich Kárník 1969 verdient gemacht. Von den sieben für Österreich anwendbaren Formeln — ältere und neue — wurden für das gegenständliche Beben folgende fünf herangezogen:

$$M = 0{,}5\,I_0 + \lg h + 0{,}35$$
$$M = 0{,}53\,I_0 + 0{,}96$$
$$M = \tfrac{2}{3}\,I_0 + 1{,}4\lg h - 1{,}25$$
$$M = 0{,}70\,I_0 - 0{,}1$$
$$M = 0{,}56\,I_0 + 0{,}83 \ldots \text{gültig für } h = 6 \text{ bis } 10 \text{ km.}$$

Setzt man die Daten des Mollner Bebens ($I_0 = 6\tfrac{3}{4}°$ MS und $h = 6$ bis 7 km) in die Gleichungen ein, so ergeben sich der Reihe nach die Werte

$$4{,}50 \leqq M \leqq 4{,}57$$
$$M = 4{,}54$$
$$4{,}34 \leqq M \leqq 4{,}43$$
$$M = 4{,}62$$
$$M = 4{,}61.$$

Es ist leicht zu erkennen, daß die dritte Gleichung einen etwas zu niedrigen Wert liefert und die größere Herdtiefe eine bessere Übereinstimmung bringt. Demnach wird bei der Annahme $h = 7$ km, aus fünf Werten gemittelt, die Magnitude $\overline{M} = 4{,}55$ erhalten.

2.6. Die Nachbeben und weitere Erdbeben bis Ende 1972

Die Nachbebentätigkeit in Molln war im Grunde genommen gering und ging in zwei Etappen vor sich; die einzelnen Stöße erreichten höchstens die Stärke 4° MS und 100 km² Schütterfläche. An das Haupt-

Tabelle 1.
Die Nachbebentätigkeit im Raum Molln bis Ende 1972

Datum	MEZ h	m	Epizentrum	Intensität °MS	Fläche km²	Meldungen +	−	In Wien registriert
29. 1. 1967	2	15	Breitenau[1]	3,5		5	0	nein
29. 1.	3	45	Breitenau	3		1	0	nein
29. 1.	6	(00)	Breitenau[2]	3		5	0	nein
30. 1.	6	07	Breitenau	4	100	5	0	ja
30. 1.	14	(05)	Breitenau	4		2	0	nein
13. 2. 1967	0	19	Molln	4,5	120	4	7	ja
15. 2.	5	15	Breitenau	4		1	0	nein
21. 2.	2	34	Breitenau	4		1	0	nein
24. 2.	5	50	Breitenau	4		1	0	nein
7. 6. 1967	17	19	Ramsau	5 −	540	14	12	ja
13. 6.	18	40	Ramsau	5 −	260	7	6	ja
15. 6.	20	14	Ramsau	4,5	80	4	1	ja
6. 12. 1968	20	53	Molln[3]	4 +	130	5	2	ja
2. 11. 1970	3	12	Ramsau	3		1	0	ja
10. 3. 1971	6	04	Ramsau	4	50	1	5	Spuren

[1] In Bad Hall verspürt.
[2] Vielleicht zwei Bebenstöße.
[3] Vorbeben um 11 h 29 m.

beben schlossen sich in den nächsten eineinhalb Tagen fünf leichte Nachbeben an und vom 13. bis 24. Februar folgten vier weitere Stöße. — In der ersten Junihälfte gab es eine Reihe von drei etwas stärkeren Erdbeben, die von der Bevölkerung im Gemeindegebiet Molln zum Teil mit Beunruhigung aufgenommen wurden. Die Stöße am 7. und 13. Juni verursachten bei alten Häusern kleine Risse sowie Verputzabfall an Mauern und Decken; auch die Tiere in den Ställen zeigten Unruhe. — In den auf 1967 folgenden fünf Jahren ereignete sich im Raum nur noch je ein Lokalbeben in den Jahren 1968, 1970 und 1971.

Alle erreichbaren Daten über die Folgebebentätigkeit sind in der Tabelle 1 zusammengestellt; dabei sind ungenaue Zeitangaben eingeklammert und kleinste Schütterflächen zahlenmäßig nicht angeführt. Die Tabelle enthält ferner Hinweise, ob die Erdbeben von den Seismographen in Wien aufgezeichnet wurden. Dort liegt auch die Registrierung eines zweiten Bebens am 6. Dezember 1968 vor, das als Vorbeben angesprochen werden könnte; allerdings ist kein Wahrnehmungsbericht vorhanden.

Für ausreichende Informationen über die Bebenvorfälle nach dem Hauptereignis am 29. Jänner 1967 muß vor allem dem Gendarmeriepostenkommando und dem Gemeindeamt Molln sowie dem Direktor der Volksschule Innerbreitenau gedankt werden.

3. Mikroseismische Untersuchungen

3.1. Beobachtungsmaterial

Das für oberösterreichische Verhältnisse ungewöhnlich heftige Erdbeben vom 29. Jänner 1967 wurde an zahlreichen (ca. 100) europäischen, aber auch außereuropäischen Erdbebenwarten registriert. — Die P-Wellen waren zumindest bis etwa 9400 km Epizentraldistanz (Tonto Forest Array, USA) eindeutig nachweisbar. Mehr als vierzig europäische Erdbebenwarten wurden von uns um Einsichtnahme in Originalregistrierungen bzw. um gute Seismogrammkopien gebeten. Dank der erwiesenen Hilfsbereitschaft war der Ausschreibung ein zufriedenstellender Erfolg beschieden.

Das gesammelte Material ist sehr umfangreich, aber heterogen. Auch die Verteilung der seismischen Stationen in bezug auf das Epizentrum ist sicher nicht ideal. So fehlen zum Beispiel vollwertige Stationen im extremen Nahbereich, was sich insbesondere auf die Herdtiefenbestimmung nachteilig auswirkt, und es überwiegen bei weitem Aufzeichnungen aus dem Gebiet nördlich der Alpen.

Die Registriergeschwindigkeit betrug bei rund zwei Drittel aller Bebenaufzeichnungen mindestens (und vorwiegend) 60 mm/min, beim restlichen Drittel dominierte ein Vorschub von 30 mm/min. Die Meßgenauigkeit bei den Ersteinsätzen — bei 2,5- bis 4facher Lupenvergrößerung — dürfte daher mit ± 0,15 Sekunden im Mittel nicht zu optimistisch geschätzt sein. — Die Zeitangaben erfolgten zumeist auf Zehntelsekunden genau.

Schwierigkeiten gab es teilweise bei der Erfassung der Maximalphase, und zwar einerseits wegen der des öfteren beobachteten Unterbelichtung photographischer Registrierungen und anderseits wegen Unklarheiten bei der Periode der Maximalwellen, zufolge der Superposition verschiedener Wellen in diesem Seismogrammteil.

Für die endgültigen mikroseismischen Untersuchungen wurden zumeist eigene Analysen der Bebenregistrierungen von 20 ausgewählten Stationen bis zu einer Epizentraldistanz von rund 500 km herangezogen; manche Lücken konnten durch bereits veröffentlichte Daten anderer Erdbebenwarten geschlossen werden. Ein noch umfangreicheres Material diente der Magnitudenbestimmung sowie der Untersuchung des Herdvorganges.

Da in den meisten Seismogrammen der ausgewählten Stationen sowohl Einsätze von direkten Wellen als auch von verschiedenen Kopfwellen erkennbar waren, konnten für die folgenden Berechnungen die bekannten Formeln für ein ebenes Zweischichten-Krustenmodell mit einem Herd in der Oberkruste verwendet werden:

$t_{ig} - H = (\Delta^2 + h^2)^{1/2} / v_{i1}$

$t_{ib} - H = \Delta / v_{i2} + (2h_1 - h) \cdot (1/v_{i1}^2 - 1/v_{i2}^2)^{1/2}$

$t_{in} - H = \Delta / v_{i3} + (2h_1 - h) \cdot (1/v_{i1}^2 - 1/v_{i3}^2)^{1/2} + 2h_2 (1/v_{i2}^2 - 1/v_{i3}^2)^{1/2}$

für $i = P, S$, $t_i - H =$ Laufzeiten, $H =$ Herdzeit, $h =$ Herdtiefe, $h_1 =$ Mächtigkeit der Oberkruste, $h_2 =$ Mächtigkeit der Unterkruste, $\Delta =$ Epizentraldistanz in km, $v_{ik} =$ Wellengeschwindigkeiten, Index $k = 1$ entspricht der Oberkruste (Granit), $k = 2$ entspricht der Unterkruste (Gabbro) und $k = 3$ entspricht dem oberen Erdmantel (Peridotit).

3.2. Bestimmung der Herdparameter

3.2.1. Das Epizentrum

Bei der mikroseismischen Bestimmung des Epizentrums wurde unkonventionell verfahren: Ausgehend vom provisorischen makroseismischen Epizentrum Molln (47° 53' N, 14° 16' E), wurde für die Kopfwelle *Pn* eine provisorische Laufzeitkurve gezeichnet, in der sich systematische Abweichungen der Einsatzzeiten von einer Geraden zeigten. Diese Abweichungen konnten zum Großteil durch eine ESE-Verschiebung des provisorischen Epizentrums um etwa 4 km behoben werden. Einige überzufällige Abweichungen blieben aber trotzdem erhalten. — Es zeigte sich, daß die *Pn*-Wellen in Stationen südlich der Alpen durchwegs zu spät einlangten, und zwar um einen Betrag von ca. 1 bis 2 Sekunden, der durch eine plausible trogartige Absenkung der Mohorovičić-Diskontinuität unter den Alpen („Gebirgswurzel") erklärbar ist. Auch bei Zürich, also einer westlich des Epizentrums gelegenen Station, war ein solcher Effekt bemerkbar. — *Pn*-Einsatzzeiten solcher Stationen mit offensichtlich systematischen Abweichungen vom Idealfall wurden vor der endgültigen Berechnung der *Pn*-Laufzeitkurve ausgeschieden.

Die Epizentraldistanzen der seismischen Stationen wurden nach der Distanzformel der sphärischen Trigonometrie berechnet und auf 100 m genau angegeben (s. Abschnitt 3.3), wobei als neues Epizentrum der Koordinatenschnittpunkt

$$\varphi = 47{,}875° \text{ N}, \quad \lambda = 14{,}308° \text{ E}$$

angenommen wurde, der einem Punkt am Nordostabhang des Annas-Bergs entspricht. — Nach Berechnung der *Pn*-Laufzeitkurve mit Hilfe der Methode der kleinsten Quadrate (20 Stationen mit 150 km $\leq \Delta <$ < 491 km; s. Abschnitt 3.3) zeigte sich, daß die mittlere Abweichung der *Pn*-Einsatzzeiten von einer Geraden die Größenordnung des Meßfehlers plus der natürlichen Streuung hatte. Nach dem gleichen Verfahren wurde im gleichen Distanzintervall auch die Laufzeitkurve für *Pg* berechnet; das Resultat war ebenso zufriedenstellend. Sodann wurden die Epizentraldistanzen der ausgewählten Stationen auch mit Hilfe der Laufzeiten sowie Laufzeitkurven berechnet und von den zuvor aus den geographischen Koordinaten gewonnenen Distanzen subtrahiert. Der mittlere Fehler der Entfernungsdifferenzen ergab sich zu 1,38 km für *Pn*-Einsätze und 1,49 km für *Pg*-Einsätze; beschränkt man sich auf Stationen mit $\Delta < 300$ km, dann reduziert sich der mittlere Fehler sogar auf 0,70 bzw. 0,96 km. — Die Entfernungsdifferenzen als Funktion des Azimutwinkels zeigen in der hier nicht wiedergegebenen graphischen Darstellung keine systematischen Abweichungen, d. h., unser zuletzt vorgegebenes Epizentrum, das übrigens sehr gut mit dem endgültigen makroseismischen Epizentrum übereinstimmt, ist bereits optimal bestimmt. Die nun endgültigen Epizentralkoordinaten

$$\varphi_0 = 47{,}875 \pm 0{,}013° \text{ N}, \quad \lambda_0 = 14{,}308 \pm 0{,}019° \text{ E}$$

erreichen ein hohes Maß an Genauigkeit. — Zum Vergleich die Ergebnisse von internationalen Datenzentren (s. ISC-Bulletin):

BCIS (Strasbourg): 47,9° N, 14,2° E
ISC (Edinburgh):   47,89 ± 0,025° N, 14,20 ± 0,031° E
USCGS (Rockville): 47,911° N, 14,261° E.

Die Übereinstimmung in der geographischen Breite ist ausgezeichnet, in der geographischen Länge zufriedenstellend.

3.2.2. Die Herdzeit

Bei Nahbebenuntersuchungen ist es üblich, die Herdzeit mit Hilfe der Methode von Wadati (1933) zu bestimmen, bei der die Zeitdifferenzen $t_{Sg} - t_{Pg}$ als Funktion der Pg-Laufzeit t_{Pg} dargestellt werden. Im Falle eines konstanten Verhältnisses der P- und S-Wellengeschwindigkeit, das in der Natur näherungsweise erfüllt ist, ergibt sich der lineare Zusammenhang

$$t_{Sg} - t_{Pg} = -(v_{Pg}/v_{Sg} - 1) H + (v_{Pg}/v_{Sg} - 1) t_{Pg}.$$

Der Schnittpunkt dieser Geraden mit der t_{Pg}-Achse ist die Herdzeit H.

Unsere Ausgleichsrechnung nach der Methode der kleinsten Quadrate ergab für 20 Wertepaare im Bereich 150 km $\leq \Delta <$ 491 km die Beziehung

$$t_{Sg} - t_{Pg} = -7{,}51944 + 0{,}65653\, t_{Pg} \text{ [sec]}$$
(mit 00 h 12 m GMT als Zeit-Nullpunkt)

und

$H = 00$ h 12 m $11{,}45 \pm 1{,}78$ s GMT (95%-Sicherheitsintervall).

Die geringe Genauigkeit von H ist fast ausschließlich eine Folge von Unsicherheiten bei der t_{Sg}-Bestimmung.

Da wir die Einsatzzeiten der direkten Pg-Wellen bedeutend besser im Griff haben als jene der Sg-Wellen und wir außerdem das Epizentrum schon hinreichend genau kennen, können wir die Herdzeit für $h/\Delta \ll 1$ (h = Herdtiefe) exakter aus der Laufzeitkurve für Pg ermitteln:

$$t_{Pg} = H + \Delta/v_{Pg} \quad [\text{sec}], \quad \text{für } h/\Delta \ll 1$$

(mit 00 h 12 m GMT als Zeit-Nullpunkt).

Das Ausgleichsverfahren für 20 Stationen mit 150 km $\leq \Delta <$ 491 km lieferte

$$t_{Pg} = 11{,}6801 + 0{,}1740\,\Delta \quad [\text{sec}]$$

und

$$H = 00\text{ h }12\text{ m }11{,}68 \pm 0{,}36\text{ s GMT} \quad (95\%\text{-Sicherheitsintervall}),$$

d. h., wir können hinreichend genau mit $H =$ 00 h 12 m 11,7 s GMT rechnen.

Die Vergleichszahlen von internationalen Datenzentren:

BCIS (Strasbourg): $H =$ 00 h 12 m 14 s GMT
ISC (Edinburgh): $H =$ 00 h 12 m 13,0 $\pm$ 0,96 s GMT (SD)
USCGS (Rockville): $H =$ 00 h 12 m 13,3 s GMT.

Die Unterschiede zwischen der von uns ermittelten Herdzeit und den anderen Herdzeiten können quantitativ durch entsprechende Differenzen im verwendeten Krustenmodell sowie in der Herdtiefe erklärt werden.

3.2.3. Die Herdtiefe

Für eine grobe Abschätzung der Herdtiefe bietet schon die besondere Art der Seismogramme einen Anhaltspunkt: Das Vorhandensein von Pb- und Sb-Wellen zeigt uns, daß der Bebenherd über oder in der Conrad-Diskontinuität liegen muß.

Für eine Herdtiefenbestimmung mit Hilfe des pythagoreischen Lehrsatzes steht uns nur eine herdnahe Station, nämlich Kremsmünster (= KMR), zur Verfügung. Wir gehen dazu von der bekannten Epizentraldistanz $\Delta_{KMR} =$ 24,1 km und von der mehrmals sorgfältig bestimmten Zeitdifferenz $(t_{Sg} - t_{Pg})_{KMR} =$ 2,9 s aus (die Rußregistrierung des Bebens, Vorschub ca. 22 mm/min, wurde photographisch vierfach linear vergrößert; geschätzter Meßfehler höchstens 0,1 s). Die Hypozentraldistanz D läßt sich durch

$$D = v_{Pg}\,v_{Sg}\,(t_{Sg} - t_{Pg})/(v_{Pg} - v_{Sg})$$

darstellen, d. h., wir benötigen zur Herdtiefenbestimmung auch die Geschwindigkeiten der direkt gelaufenen Kompressions- und Scherungswellen, die wir dem folgenden Abschnitt 3.3 entnehmen können:

$$v_{Pg} = 5{,}75 \text{ km/s}, \quad v_{Sg} = 3{,}47 \text{ km/s}.$$

Aus diesen Bestimmungsgrößen folgt $D = 25{,}38$ km und somit die Herdtiefe $h = 7{,}96$ km $\doteq 8$ km.

Wegen $\Delta_{\text{KMR}} \doteq 3\,h$ ist diese Art der Herdtiefenbestimmung schon mit großen Unsicherheiten behaftet. — Im konkreten Falle kann allerdings angenommen werden, daß $h = 8$ km der Wirklichkeit sehr nahekommt, denn im übernächsten Abschnitt gelangt man bei der Auswertung herdnaher Tiefenreflexionen mit $h = 8{,}0 \pm 1{,}6$ km zu einer sehr guten Näherungslösung des für die Herdtiefe und für die Schichtdicken eines lokalen Zweischichten-Krustenmodells verfügbaren Gleichungssystems. Dieses Ergebnis bedeutet, daß der Herd des Mollner Starkbebens im Kristallin der Böhmischen Masse liegt.

Die mikroseismisch ermittelte Herdtiefe harmoniert mit der makroseismischen Herdtiefe sehr gut; mit der vom ISC-Edinburgh errechneten Herdtiefe von $17 \pm 9{,}1$ km ist sie gerade noch vereinbar. Letztere ist allerdings für Oberösterreich sowie für die meisten anderen Gebiete Österreichs atypisch.

3.3. Semiempirische Laufzeitkurven

Wie schon früher erwähnt, wurden die Pn-Laufzeiten von 20 ausgewählten Stationen mit $150 \text{ km} \leq \Delta < 491 \text{ km}$ durch eine lineare Funktion nach der Methode der kleinsten Quadrate angenähert:

$$t_{Pn} = 00\text{ h} + 12\text{ m} + [(19{,}0747 \pm 0{,}2862) + (0{,}1249 \pm 0{,}0008)\,\Delta]\text{ s}$$
$$[\Delta] = [\text{km}].$$

Die mittlere quadratische Abweichung von $0{,}0366$ [s^2] ist sehr klein, daher ist die Darstellung für Pn (und damit auch das Epizentrum) sehr genau getroffen. — Aus der vorigen Beziehung resultiert eine Pn-Wellengeschwindigkeit

$$v_{Pn} = v_{P3} = 8{,}00 \pm 0{,}05 \text{ km/s} \quad (95\%\text{-Sicherheitsintervall}).$$

Nach dem gleichen Verfahren wurde für 20 ausgewählte Stationen mit 150 km $\leq \Delta <$ 491 km auch die t_{Pg}-Kurve berechnet:

$$t_{Pg} = 00\,\text{h} + 12\,\text{m} + [(11{,}6801 \pm 0{,}3616) + (0{,}1740 \pm 0{,}0010)\,\Delta]\,\text{s}$$
$$[\Delta] = [\text{km}];$$

die mittlere quadratische Abweichung beträgt 0,0604 [s²]. — Daraus ergibt sich die Pg-Wellengeschwindigkeit

$$v_{Pg} = v_{P1} = 5{,}75 \pm 0{,}03\,\text{km/s} \quad (95\%\text{-Sicherheitsintervall}).$$

Bei Anwendung der Methode von Wadati (s. 3.2.2) ergab sich

$$v_{Pg}/v_{Sg} = 1{,}6565 \pm 0{,}0136,$$

daher ist die Wellengeschwindigkeit für die Sg-Phase

$$v_{Sg} = v_{S3} = 3{,}47 \pm 0{,}03\,\text{km/s} \quad (95\%\text{-Sicherheitsintervall}).$$

Für 14 t_{Sn}-Werte im Intervall 236 km $\leq \Delta <$ 491 km gilt die statistisch ermittelte Beziehung

$$t_{Sn} = 00\,\text{h} + 12\,\text{m} + [(22{,}1833 \pm 2{,}4407) + (0{,}2176 \pm 0{,}0060)\,\Delta]\,\text{s}$$
$$[\Delta] = [\text{km}];$$

die mittlere quadratische Abweichung = 0,3814 [s²]. Die zugehörige Wellengeschwindigkeit:

$$v_{Sn} = v_{S3} = 4{,}60 \pm 0{,}13\,\text{km/s} \quad (95\%\text{-Sicherheitsintervall}).$$

Die Laufzeiten der mit größeren Unsicherheiten behafteten Pb- und Sb-Einsätze (ab ca. Δ = 230 km nachweisbar) wurden nicht nach der eben beschriebenen Art berechnet. Es wurden vielmehr die entsprechenden Wellengeschwindigkeiten mit Hilfe einer graphischen Darstellung der Meßwerte sorgfältig geschätzt, und hierauf wurden die Laufzeitgeraden auf Grund eines passenden Zweischichten-Krustenmodells dargestellt (s. Abb. 6). — Die geschätzten, in den normalen Rahmen passenden Wellengeschwindigkeiten:

$$v_{Pb} = v_{P2} = 6{,}60\,\text{km/s}, \quad v_{Sb} = v_{S2} = 3{,}90\,\text{km/s}.$$

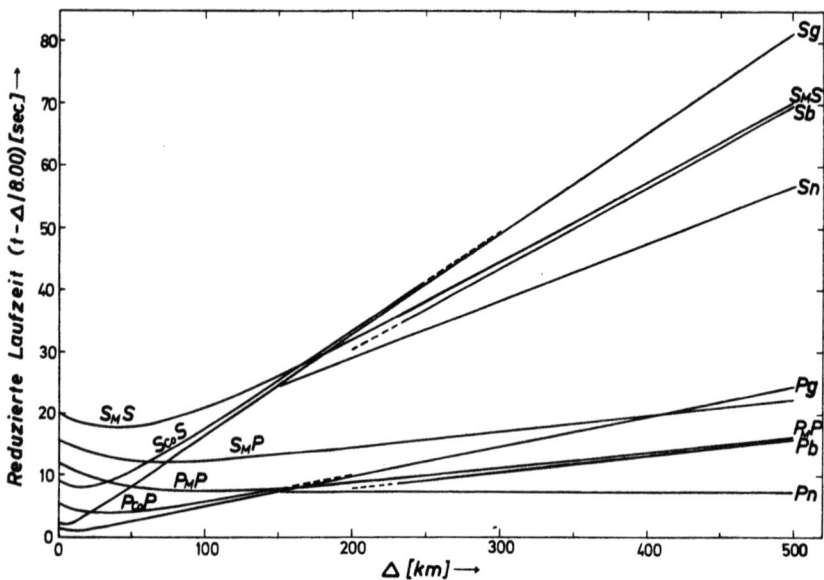

Abb. 6. Laufzeitkurven für das Mollner Starkbeben vom 29. 1. 1967; Laufzeit reduziert (Reflexionen für $h = 8$ km und ein Krustenmodell wie in Abb. 8)

Eine Zusammenfassung mikroseismischer Daten ist in Tabelle 2 zu finden.

Bei den Seismogramm-Auswertungen konnte man den Eindruck gewinnen, daß nicht nur die Kopfwellen Pb und Sb, sondern sogar vorwiegend die P- und S-Reflexionen an der Mohorovičić-Diskontinuität $(P_M P, S_M S)$ die im allgemeinen den Kopfwellen zugeschriebenen Einsätze erzeugten, zumal die Conrad-Diskontinuität im weiteren Untersuchungsgebiet sicher keine sehr einheitliche Tiefenlage aufweist und sogar unterkritische Reflexionen bei KMR erkennbar waren.

3.3.1. Herdnahe Tiefenreflexionen; lokales Krustenmodell

Das lokale Krustenmodell (s. Abb. 8) konnte nur mit Hilfe herdnaher Tiefenreflexionen zufriedenstellend ermittelt werden. Verwendung fand dazu die Rußregistrierung des mechanischen SW-NE-Horizontalseismometers der Station Kremsmünster ($\Delta_{\text{KMR}} = 24{,}1$ km; $T_s = 3{,}0$ s,

31

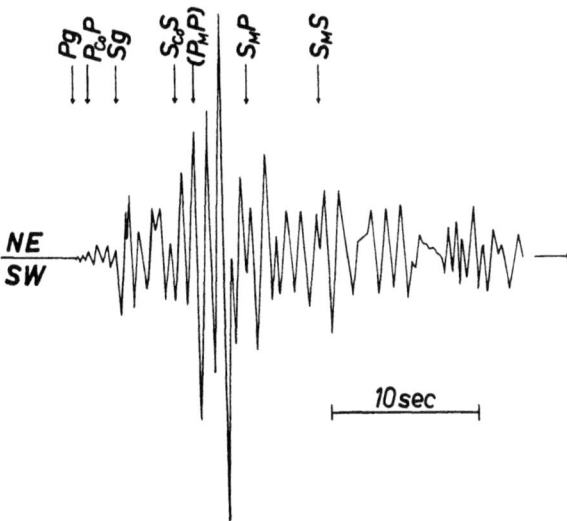

Abb. 7. Skizze der Bebenregistrierung in Kremsmünster (Zeitachse gedehnt; Verhältnis Zeit : Amplitude = 2,67)

$V = 40$, $R = 22$ mm/min), deren Auswertung nach Relativzeit erfolgte, da die genaue Zeitkorrektur unsicher ist. In Abb. 7 ist eine Skizze der Bebenregistrierung mit gedehnter Zeitskala wiedergegeben. Die als herdnahe Reflexionen an der Conrad- sowie Mohorovičić-Diskontinuität gedeuteten Einsätze sind samt ihren gemessenen und berechneten Eintrittszeiten in Tabelle 3 zusammengestellt.

Tabelle 3. Herdnahe Tiefenreflexionen in Kremsmünster

Phase	$t_{Refl.} - t_{Pg}$ gemessen	berechnet
$P_{Co}P$	1,1 s	1,1 s
$S_{Co}S$	6,9 s	6,9 s
P_MP[1]	8,1 s	8,1 s
S_MP[2]	11,7 s	11,9 s
S_MS	16,7 s	16,7 s

[1] Koinzidenz mit dem Maximum.
[2] Reflexionspunkt verschieden von jenem für P_MP und S_MS.

Tabelle 2.
Mikroseismische Daten für Stationen mit

Seismische Station	Δ km	Azimut grd	Pn 8,00 km/s
KMR = Kremsmünster	24,1	327	
KHC = Kašperské Hory	149,6	339	12 m 37,8 s
VKA = Wien-Kobenzl	155,5	73	38,6
VIE = Wien-Hohe Warte	158,1	74	38,8
SOP = Sopron	169,5	96	40,4
LJU = Ljubljana	204,4	175	46,3
BRA = Bratislava	210,5	80	45,1
FUR = Fürstenfeldbruck	227,8	279	47,6
PRU = Průhonice	235,6	4	48,5
TRI = Trieste	244,4	190	50,7
ZAG = Zagreb	261,9	150	53
GRF = Gräfenberg	303,6	313	56,7
PAD = Padova	330,7	215	
RAV = Ravensburg	350,5	270	13 m 03,0 s
BUD = Budapest	355,6	95	03,3
MOX = Moxa	364,8	329	04,5
RAC = Raciborz	375,0	48	07,5
STU = Stuttgart	391,0	287	07,9
CLL = Collmberg	393,3	347	09
RBN = Rybnik	395,1	50	08,5
TUB = Tübingen	395,5	283	09,8
MSS = Meßstetten	398,6	277	08,8
PSZ = Piszkesteto	416,4	87	10,7
KEC = Kecskemét	419,5	103	11,4
ZUR = Zürich	432,9	265	14,5
HLE = Halle	437,3	338	14,2
BOL = Bologna	441,0	212	
HEI = Heidelberg	443,6	295	14,5
KRL = Karlsruhe	452,7	288	15,7
FEL = Feldberg	469,1	268	17,8
NIE = Niedzica	474,0	66	18,8
KRA = Kraków	476,7	57	17,5
STR = Strasbourg	490,8	282	20,5
PAV = Pavia	493,7	235	

Δ < 500 km   (Alle Zeitangaben + 00 h GMT)

Pb 6,60 km/s	Pg 5,75 km/s	Sn 4,60 km/s	Sb 3,90 km/s	Sg 3,47 km/s
	12 m (16,1 s)			12 m (19,0 s)
	37,8 s			55,5 s
	38,8			57,0
	39,3			58,2
	41,2			13 m 00,0 s
	47,5	13 m 08,2 s		11,5
	51,0		13 m 14 s	17,5
12 m 50,5 s	52,5	13,5	(17,5)	19,8
55	57,2	(21,8)		27,0
	13 m 09 s			46,5
13 m 08,2 s	12,9	(37,8)		51,8
08,3	14,1	40,2	47,3	54,0
10,5	15,2	42,5	49,5	56,5
	16,8	44,3	52,5	57,5
	20,0	46,7	55,9	14 m 05,2 s
14,7	20,3	(50)	(57,3)	05,5
(18,7)		48,2		05,0
14,8	21,0	48,5		06,8
	20,7	48,6	(59,6)	05,9
18,1	24,6	52,4		11,7
(21,6)	28,5	57,5	14 m 06,4 s	17,3
22,1	26,6	(58,8)	07,2	16,8
	28,9			19,2
21,9	29,0	59,0	09,2	20,8
24,0	30,0	14 m 00,0 s		22,0
25,8	34,8		16,5	28,8
27,1	34,8	05,4	17,7	27,6
27,7	34,3	06,1	17,5	28,6
28,6	37,2	(11,2)	22,3	(34,3)
	37,5			

In der Registrierung von Kremsmünster (s. Abb. 7) fällt auf, daß die reflektierten S-Wellen durchwegs größer aufgezeichnet wurden als die direkten Sg-Wellen. An diesem Phänomen dürfte einerseits die Abstrahlcharakteristik des Herdes maßgeblich beteiligt sein und anderseits die Tatsache, daß im Raume Kremsmünster eine ziemlich stark absorbierende Tertiärschicht von ca. 2 km Mächtigkeit existiert, in der

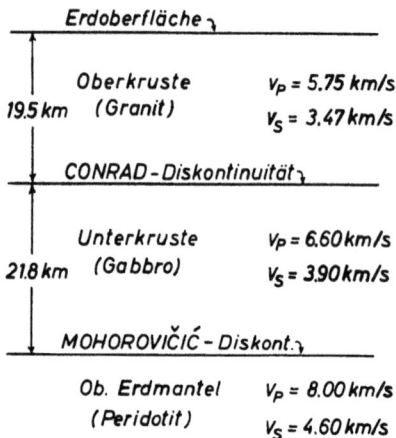

Abb. 8. Zweischichten-Krustenmodell für den Nordrand der Ostalpen (48,0° N, 14,2° E), ermittelt aus herdnahen Tiefenreflexionen

die relativ steil austretenden Reflexionswellen wohl viel weniger Energie einbüßen als die verhältnismäßig flach austretenden Sg-Wellen.

Für die Berechnung der beobachteten und im Laufzeitkurvendiagramm (s. Abb. 6) aufscheinenden Kurven für $P_{Co}P$, P_MP, $S_{Co}S$, S_MS und S_MP wurden — unter Verwendung der schon bekannten Wellengeschwindigkeiten — folgende Gesetzmäßigkeiten der geometrischen Optik herangezogen:

a) Reflexionen an der Conrad-Diskontinuität ($P_{Co}P$, $S_{Co}S$)

$$t_{i_{Co}i} = [\Delta^2 + (2h_1 - h)^2]^{1/2}/v_{i1}, \quad \text{mit} \quad \Delta = (2h_1 - h) \tan \alpha_{i1}$$
$$i = P, S;$$

b) Reflexionen an der Mohorovičić-Diskontinuität (P_MP, S_MS; S_MP)

$$t_{i_Mi} = (2h_1 - h)/v_{i1} \cos \alpha_{i1} + 2h_2/v_{i2} \cos \alpha_{i2},$$

mit
$$\Delta = (2h_1 - h)\tan\alpha_{i1} + 2h_2\tan\alpha_{i2};\quad i = P, S;$$
$$t_{S_MP} = (h_1 - h)/v_{S1}\cos\alpha_{S1} + h_2/v_{S2}\cos\alpha_{S2} + h_2/v_{P2}\cos\alpha_{P2} +$$
$$+ h_1/v_{P1}\cos\alpha_{P1},$$
mit
$$\Delta = (h_1 - h)\tan\alpha_{S1} + h_2(\tan\alpha_{P2} + \tan\alpha_{S2}) + h_1\tan\alpha_{P1}$$
und
$$\sin\alpha_{S2} = v_{S2}\sin\alpha_{S1}/v_{S1},\quad \sin\alpha_{P2} = v_{P2}\sin\alpha_{S2}/v_{S2},$$
$$\sin\alpha_{P1} = v_{P1}\sin\alpha_{P2}/v_{P2}.$$

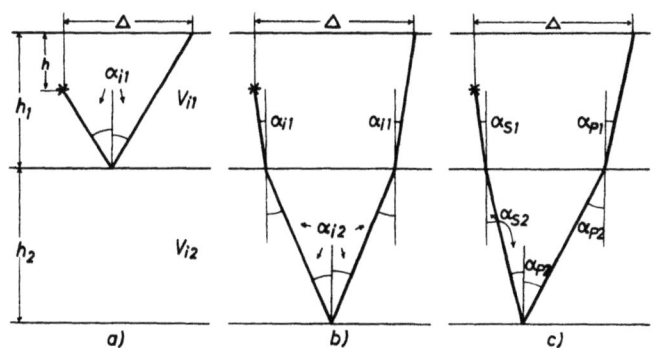

Abb. 9. Reflexionen an der Conrad- und Mohorovičić-Diskontinuität (s. Text):
a) $P_{C_0}P$, $S_{C_0}S$; b) P_MP, S_MS; c) S_MP

Wegen der Bezeichnungen siehe Abb. 9.

Durch wiederholte rechnerische Versuche wurde folgende Kombination von Daten gefunden, die den gemessenen Einsatzzeiten der reflektierten Wellen am besten entsprochen haben:

$$h_1 = 19{,}5 \pm 0{,}8\text{ km},\quad h_2 = 21{,}8 \pm 1{,}4\text{ km},\quad h = 8{,}0 \pm 1{,}6\text{ km}.$$

Die Fehlergrenzen wurden mit Hilfe des Fehlerfortpflanzungsgesetzes abgeschätzt. Dabei zeigte es sich, daß die Genauigkeit der Herdtiefenbestimmung außerordentlich stark von der Kenntnis des Krustenaufbaus abhängt, denn es gilt $\delta h = 2\,\delta h_1$. Es ist daher grundsätzlich nicht empfehlenswert, die Mächtigkeit von h_1 und h_2 zu schätzen und hierauf h aus der Pn-Laufzeitkurve zu berechnen.

Nach unserem Ergebnis beträgt die Tiefe der Mohorovičić-Diskontinuität am Nordrand der Ostalpen (48,0° N, 14,2° E) $h_1 + h_2 =$ $= 41,3 \pm 2,2$ km. Aus der MOHO-Tiefenkarte ($=$ Reliefdarstellung der 8,0 km/s-Fläche) von Makris (1971) folgt für diesen Bereich ein aus gravimetrischen und refraktionsseismischen Daten gewonnener Wert von $36 \pm 4,5$ bzw. 6,5 km ($\pm$ 4,5 km $=$ mittlerer, $\pm$ 6,5 km $=$ geschätzter maximaler Fehler). Die Übereinstimmung ist von nur mäßiger Güte. — Für die lokale Tiefe der Conrad-Diskontinuität fehlt zur Zeit noch ein Vergleichswert.

Die Unsicherheiten der Herdtiefenbestimmung nach dem pythagoreischen Lehrsatz (s. 3.2.3) konnten durch die Heranziehung herdnaher Tiefenreflexionen umgangen werden; der erzielte Effekt entspricht einer Annäherung der seismischen Station KMR an das Epizentrum von $\Delta \doteq 3\,h$ auf mindestens $\Delta \doteq 0{,}8\,h$.

3.4. Die Magnitude und Energie des Mollner Bebens

In dieser Untersuchung konnte die ursprüngliche Magnitudendefinition („Local Magnitude") nach Richter (1935) nicht verwendet werden, da die verfügbaren Seismogramme nur in Ausnahmsfällen von Standard-Torsionsseismometern stammen. Es wurde daher auf die zweckmäßigere, allgemeinere Magnitudendefinition von Kárník et al. (1962),

$$M = \log{(A/T)_{\max}} + \sigma\,(\Delta, h) + \Sigma\,\delta\,M,$$

zurückgegriffen und für die Eichfunktion $\sigma\,(\Delta, h)$ wurden die von Kárník (1962) publizierten Werte für Nahbeben verwendet. Bei dieser Eichfunktion handelt es sich um $\sigma_{LgH}\,(\Delta, h)$, die auf die Horizontalkomponente der maximalen Bodengeschwindigkeit (bzw. auf A_H/T) in der Sg-(Lg-)Phase anzuwenden ist. Die so erhaltene Magnitude M ist daher mit M_{LgH} gleichzusetzen. — Auf Stationskorrekturen wurde, da unbekannt, verzichtet. Dies ist kein Nachteil, da sich diese bei der abschließenden Mittelbildung höchstwahrscheinlich zum Großteil aufheben, so daß $\Sigma\,\delta\,M \doteq 0$ angenommen werden kann. — Auffallend sind die überdurchschnittlich hohen individuellen Magnitudenwerte ostnordöstlich des Bebenherdes (VIE, RAC, RBN). Obwohl eine anisotrope Energieabstrahlung auf Grund der mikroseismischen Daten statistisch nicht gesichert ist, ist sie eine Realität, die durch die Isoseistenkarte (s. Abb. 3) eindeutig bestätigt wird: die 4°-Isoseiste stößt weit ostnordostwärts bis Wien vor.

Tabelle 4. Individuelle Magnitudenwerte
(Stationen nach dem Azimut geordnet)

Station	PRU	RAC	RBN	NIE	VIE	BUD	SOP	KEC	ZAG	RSL
Azimut	4°	48°	50°	66°	74°	95°	96°	103°	150°	250°
M_{LgH}	4,57	4,85	4,82	4,62	4,97	4,45	4,18	4,63	4,81	4,72
Station	NEU	FEL	RAV	MSS	FUR	TUB	STU	HEI	BEN	MOX
Azimut	263°	268°	270°	277°	279°	283°	287°	295°	306°	329°
M_{LgH}	4,59	4,74	4,51	4,86	4,35	4,71	4,92	4,43	4,88	4,44

Aus den 20 Einzelwerten der Bebenmagnitude folgt ein Mittelwert

$$\overline{M}_{LgH} = 4{,}65 \pm 0{,}18 \quad \text{(mittl. Streuung)},$$

der mit dem aus insgesamt sieben Nah- und Fernbebenregistrierungen vom ISC-Edinburgh berechneten Mittelwert $\overline{M} = 4{,}6$ praktisch übereinstimmt. Die etwas niedrigeren makroseismischen Magnitudenwerte überstreichen etwa den Bereich 4,4 bis 4,6 (s. Abschnitt 2.5).

Zur Berechnung der seismischen Herdenergie wurden die heute bevorzugten Formeln von Gutenberg und Richter (1956) sowie von Båth (1958) herangezogen:

$\log E = 11{,}8 + 1{,}5\,M$, [E] = [erg]; Gutenberg und Richter

$\log E = 12{,}24 + 1{,}44\,M$, [E] = [erg]; Båth.

Danach liegt die beim Mollner Beben abgestrahlte seismische Energie zwischen ca. $6{,}0 \cdot 10^{18}$ und $8{,}6 \cdot 10^{18}$ erg, das sind $1{,}65 \cdot 10^5$ bzw. $2{,}4 \cdot 10^5$ kWh, d. h., ein 100-MW-Kraftwerk müßte rund zwei Stunden lang arbeiten, um die gleiche Energie zu produzieren. — Vergleicht man das Beben mit einer unterirdischen Kernexplosion — was wegen der unterschiedlichen Schwingungsspektren nur bedingt zulässig ist — und berücksichtigt man die Erfahrung, daß im Granit trotz guter Verdämmung nur rund ein Prozent der Explosionsenergie in Form von seismischer Energie abgestrahlt wird (s. Bormann 1966 und Båth 1973), dann entspricht das Mollner Beben einer Explosion von rund 15 bis 22 Kilotonnen TNT in 6 bis 8 km Tiefe (Anm.: Eine Atombombe des Hiroshima-Typs besitzt die Sprengkraft von 20 kt TNT).

Das Mollner Beben hatte damit eine zwar respektable, aber selbst für österreichische Begriffe keinesfalls besonders hohe Energie, denn in historischer Zeit gab es z. B. im Raum Villach (1348, 1690) und Neulengbach (1590) zerstörende Erdbeben mit Magnitudenwerten $M \geq 6$, deren Energie in jedem Einzelfall mindestens hundertmal größer war. — Im langjährigen Durchschnitt ist im österreichischen Bundesgebiet etwa alle sieben Jahre ein Erdbeben zu erwarten, dessen Energie die des Mollner Bebens erreicht oder übertrifft (s. Drimmel et al. 1971).

3.5. Der Herdvorgang

Das verfügbare mikroseismische Material reicht aus, um die Abstrahlcharakteristik des Bebenherdes für die Kompressionswellen eindeutig zu ermitteln, es ist aber nicht geeignet, auch jene der Scherungswellen zu erfassen. Eine Entscheidung, ob der hier untersuchte Herdvorgang mathematisch durch ein Kräftepaar mit Moment (Dipol) oder durch zwei aufeinander normal stehende Kräftepaare ohne Moment (Quadrupol) darstellbar ist, ist daher nicht möglich.

Wegen der relativ geringen Bebenenergie muß erwartet werden, daß Ersteinsätze in Epizentraldistanzen von mehr als ca. 1500 km zufolge der normalen Energiedissipation bereits unsicher sind, weshalb nur Nahbebenregistrierungen ausgewertet wurden. — Alle hier brauchbaren Ersteinsätze gehören zu Bebenstrahlen, die den Herd nach unten verlassen. Die Durchstoßpunkte der Bebenstrahlen in der unteren Hälfte der Herdkugel wurden in der heute üblichen Art im Polarkoordinatennetz dargestellt (s. Abb. 10). — Bei der Bestimmung der Abgangswinkel wurde die lokal sicher vorhandene Grenzflächenneigung nicht berücksichtigt.

Wie man sich leicht überzeugen kann, ist es im vorliegenden Beispiel bestimmt nicht möglich, eine vierblättrige Abstrahlcharakteristik, also zwei Knotenlinien, festzulegen, es gelingt aber wohl, eine horizontale B-Achse (im Sinne der geologischen Gefügekunde) eindeutig zu konstruieren. Letztere geht durch das Hypozentrum und schließt mit der Nordrichtung einen Winkel von 68 ± 2° (gemessen im Uhrzeigersinn, also N68°E) ein, d. h., sie ist parallel zum Streichen der benachbarten Alpen. Die große Stationsdichte läßt eine Richtungsangabe auf zwei Grad genau zu.

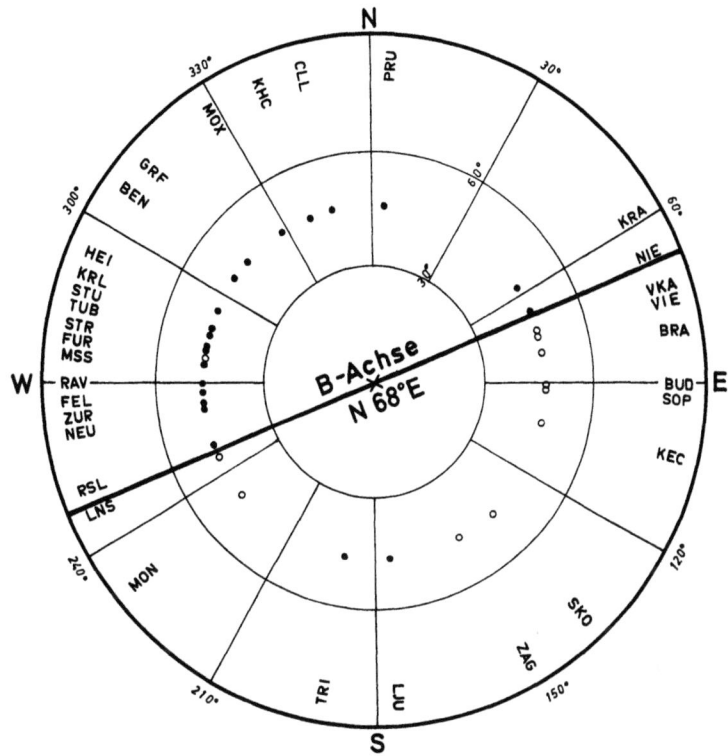

Abb. 10. Herdflächenlösung für das Mollner Starkbeben vom 29. 1. 1967 (nach
Pn-Einsätzen; ● = Kompression, ○ = Dilatation)

Auf Grund dieses Ergebnisses ist das Mollner Beben ein tektonisches Erdbeben, dessen Herdmechanismus eindeutig dem einfachen V-Typ nach Ritsema (1957) entspricht (s. auch Ahorner 1967), bei dem der Winkel zwischen der Ebene, in der die Hauptspannungsachsen liegen, und der Horizontalen größer als 45° ist und die B-Achse (= Schnittlinie zwischen Verschiebungsebene und Hilfsebene) flach einfällt, d. h., wir haben es entweder mit einer Auf- oder Abschiebung entlang einer ungefähr vertikalen Bruchfläche (parallel zum Streichen der Alpen) zu tun oder mit einer Überschiebung entlang einer ungefähr horizontalen Bruchfläche innerhalb des Kristallins der Böhmischen Masse. — Eine Entscheidungsmöglichkeit, ob wir es mit einer vertikalen oder horizontalen Bruchfläche zu tun haben, bietet uns nach Schneider (1971) die Makroseismik. Im konkreten Falle deutet die bedeutend anisotrope Energieabstrahlung in Richtung der B-Achse (s. 3.4) auf eine vertikale Auf- oder Abschiebung hin. Beim Mollner Beben hat also eine Vertikalverschiebung stattgefunden, bei der die südliche Scholle gehoben und die nördliche relativ dazu abgesenkt wurde. — Dieses Ergebnis paßt optimal in den seismotektonischen Beanspruchungsplan des Ostalpenraums, der eine maximale Druckspannung in NNW-SSE-Richtung (also normal zu der hier ermittelten B-Achse) aufweist (s. Schneider 1967 und Ritsema 1974), wenn in Molln ein Scherbruch aufgetreten ist.

Der heutige Stand der Wissenschaft gibt uns auch die Möglichkeit, Aussagen über die Herdabmessungen sowie über den Betrag der Dislokation im Herd zu machen. — Nach Schick (1972) ist bei einem Beben der Magnitude $M = 4{,}65$ die horizontale (und ungefähr auch die vertikale) Ausdehnung der Bruchfläche ca. 2 km und die während des Erdbebens längs der Herdfläche aufgetretene, vertikale Verschiebung von der Größenordnung 6 cm. — Da sich die mikroseismische Herdtiefe von 8 km auf den Ausgangspunkt des Herdvorgangs bezieht und die makroseismische Herdtiefe von 6 bis 7 km für die an der Erdoberfläche wirksamsten Bereiche der Herdfläche charakteristisch ist, kann angenommen werden, daß sich der Bruchvorgang von unten nach oben fortgepflanzt hat.

Über die Richtung der sehr steil einfallenden Herdfläche kann zunächst nichts ausgesagt werden. Sieht man jedoch die aus dem Rahmen fallenden Kompressionseinsätze von TRI (= Triest) und LJU (= Ljubljana) als reell an, dann wäre eine steil nach Süden einfallende Herdfläche wahrscheinlich. Die am Nordrand der Zentralalpen (südlich von Molln) an der Gebirgswurzel durchaus denkbare Grenzflächenneigung der Größenordnung 30 bis 40° läßt es nämlich für möglich erscheinen, daß die zu TRI und LJU gehörigen Pn-Bebenstrahlen nicht von der südlichen, sondern von der nördlichen Scholle ausgehen, insbesondere dann, wenn unter dem Herd die seismische Geschwindigkeit übernormal zunimmt (z. B. wenn der Herd in einer Geschwindigkeitsinversion liegt). — Das widersprüchliche Vorzeichen des Ersteinsatzes von FUR hat für unsere Herdflächenlösung keine Bedeutung, denn es ist vermutlich die Folge einer systematischen instrumentellen Abweichung (FUR meldete z. B. 1967 wiederholt Dilatation bei Ersteinsätzen von unterirdischen Nukleartests).

Abschließend sei festgestellt, daß die im Kristallin der Böhmischen Masse liegenden Starkbebenherde Molln, Scheibbs und Neulengbach (s. Kowatsch 1911 und Suess 1873) auffallende makroseismische Ähnlichkeiten aufweisen, weshalb anzunehmen ist, daß diese Bebenzentren gleichartige Herdmechanismen haben und ursächlich zusammenhängen. Einen weiteren Hinweis auf die ,,Verwandtschaft" dieser drei Bebenherde liefert der Umstand, daß die nach Osten verlängerte, zum Streichen der Alpen parallele B-Achse des Mollner Bebens die drei genannten Herde verbindet und die Herde überdies nahezu äquidistant sind (Abstand von Herd zu Herd ca. 60 km). Dies ist deswegen bemerkenswert, weil bei spannungsoptischen Untersuchungen sowjetrussischer Erdbebenforscher (s. Gzovsky et al. 1971) in speziellen Fällen die Ausbildung linear angeordneter, äquidistanter Spannungszentren zu beobachten war, wenn in einem Punkt plötzlich Spannungsenergie ausgelöst wurde.

4. Schlußbemerkungen

Das Mollner Beben vom 29. Jänner 1967 ist nicht nur als erstes oberösterreichisches Starkbeben in einem Gebiet geringer Seismizität von besonderem Interesse, sondern auch deswegen, weil in unmittelbarer Nachbarschaft des Herdes schon vor dem Beben die Errichtung des Pumpspeicherwerks Molln geplant wurde. Im ursprünglichen Plan ist bei der Oberstufe Breitenau ein 140 m hoher Staudamm (Kienbergsperre) vorgesehen und damit bei Vollstau ein Speicherinhalt von 450 Millionen m^3 sowie eine Stausee-Fläche von ca. 8 km^2.

Im Hinblick auf die bei einem allfälligen Staudammbau erforderlichen Sicherheitsvorkehrungen ist das Mollner Beben gerade noch rechtzeitig aufgetreten. Es hatte u. a. zur Folge, daß im Planungsgebiet eine empfindliche seismische Station errichtet wurde und daß die älteste

Erdbebenstation Österreichs — nämlich jene der Sternwarte im Stift Kremsmünster, die im Jahre 1973 ihr 75jähriges Bestandsjubiläum hatte — schneller als erhofft modernisiert werden konnte.

Die allseits gestellte Frage nach der seismischen Zukunft im Untersuchungsgebiet ist heute kaum zu beantworten, da einerseits die Erdbebenvorhersage selbst in ausgesprochenen Erdbebengebieten noch in den Kinderschuhen steckt und anderseits für eine statistische Vorhersage im konkreten Falle die erforderliche große Zahl an seismischen Ereignissen fehlt. Es können daher nur Aussagen allgemeiner Art gemacht und fachlich gerechtfertigte Vermutungen geäußert werden.

Da bis zum Jahre 1967 in keinerlei Chroniken Hinweise auf ein oberösterreichisches Starkbeben zu finden sind, muß angenommen werden, daß die Ansammlung von Spannungsenergie in der Erdkruste des Untersuchungsgebiets Jahrtausende benötigt hat, um ein Schadenbeben verursachen zu können, oder es ist anläßlich der Neulengbacher Bebenkatastrophe im Jahre 1590 zu einer Spannungsumlagerung und gleichzeitigen Ausbildung eines neuen Spannungszentrums im Raume Molln gekommen (s. 3.5), das erst 376 Jahre später relativ viel seismische Energie abstrahlen konnte. Es ist daher nicht wahrscheinlich, daß schon in absehbarer Zeit der Bebenherd Molln ein neues Starkbeben produzieren kann, obwohl bei einem Scherbruch stets nur ein Teil der gespeicherten Energie freigesetzt wird. Hingegen ist es durchaus denkbar, daß es im Zusammenhang mit der Ausbildung eines neuen Gleichgewichtszustands in der Kruste rund um Molln zu weiteren tektonischen Beben geringer Energie kommt.

Ein mehr als 100 m hoher Aufstau von Wassermassen im Untersuchungsgebiet würde zweifellos den Konsolidierungsprozeß beeinflussen. — Auf Grund der fast schon historischen Untersuchungsergebnisse des Conrad-Schülers F. Steinhauser (1934) müßte die örtliche Belastung der Kruste durch den Stausee seismische Auswirkungen haben, die allerdings erfahrungsgemäß nicht über den Rahmen von Mikrobeben mit sehr seichtem Herd hinausgehen. Weit größere Folgen kann hingegen in Sonderfällen ein hoher Kluftwasserdruck haben, wenn dadurch das „Schmiermittel" Wasser in größeren Mengen bis zu einer unter starker tektonischer Spannung stehenden Störfläche im Grundgebirge vordringen und dort die innere Reibung herabsetzen kann (s. S. Müller 1970).

Ein dadurch induzierter, plötzlicher Spannungsausgleich kann eine beträchtliche seismische Energie freisetzen, die allerdings schon vorher in Form von Spannungsenergie vorhanden sein muß und nicht vom Stausee geliefert wird.

Im Falle des Projekts Pumpspeicherwerk Molln kann gesagt werden, daß eine unter tektonischer Spannung stehende Störfläche im Grundgebirge zweifellos vorhanden ist, es ist jedoch fraglich, ob die im Herdvolumen gespeicherte Energie derzeit noch für ein Starkbeben ausreicht, da erst kürzlich ein solches aufgetreten ist und der Energienachschub hier erfahrungsgemäß langsam vor sich geht. — Für die Auslösung von „Man-Made Earthquakes" wären nach Realisierung des Projekts die Voraussetzungen hinsichtlich des hohen Kluftwasserdrucks gegeben, aber auf Grund der lokalen geologischen Schichtung (an der Oberfläche Hauptdolomit, darunter verschiedene Kalkschichten, Flysch, Molasse und schließlich Kristallin) ist es zumindest denkbar, wenn nicht sogar wahrscheinlich, daß sich zwischen dem Stausee und der im Kristallin liegenden Herdfläche ein wasserdichter Horizont (Tongesteine) befindet, d. h., diese Schicht könnte das Kluftwasser von der Störfläche fernhalten. Schließlich kann noch auf Grund des nun bekannten Herdvorgangs und der Lage des geplanten Stausees in bezug auf die Herdfläche vermutet werden, daß ein Stausee auf der Scholle südlich des untersuchten Starkbebenherdes eine stabilisierende Funktion haben könnte, da das Gewicht der aufgestauten Wassermassen dem Mollner Herdmechanismus entgegenwirkt.

Eine Gegenüberstellung der hier vorgebrachten Argumente zeigt, daß ein Triggern von tektonischen Beben, die über den Rahmen von Mikrobeben hinausgehen, durch ein Pumpspeicherwerk Molln durchaus denkbar, aber nicht sonderlich wahrscheinlich ist.

Danksagung

Allen, die zum Gelingen dieser Arbeit beigetragen haben, insbesondere den Kolleginnen und Kollegen der unterstützenden seismischen Stationen, wollen wir unseren herzlichen Dank aussprechen. Besonderer Dank gebührt ferner der Ennskraftwerke AG für die Bereitstellung von makroseismischem Grundmaterial sowie Herrn Univ.-Prof. Dr. K. Cehak für seinen Beitrag durch Rechenarbeiten in der EDV-Anlage der Zentralanstalt für Meteorologie und Geodynamik in Wien, den wir hiemit zum Ausdruck bringen. Schließlich danken wir noch Frau Amtsrat G. Lukeschitz für ihre bewährte Unterstützung auf den Sektoren Makroseismik und Graphik sowie allen Personen, die uns durch Wahrnehmungsberichte geholfen haben.

Literatur

Ahorner, L.: Herdmechanismen rheinischer Erdbeben und der seismotektonische Beanspruchungsplan im nordwestlichen Mittel-Europa. Sonderveröff. Geol. Inst. Univ. Köln **13** (Schwarzbach-Heft), 109—130, Köln 1967.

Båth, M.: The Energies of Seismic Body Waves and Surface Waves. Contributions in Geophysics (Gutenberg Volume) **1**, 1—16, 1958.

Båth, M.: Introduction to Seismology. Birkhäuser Verlag, Basel und Stuttgart 1973.

Bormann, P.: Registrierung und Auswertung seismischer Ereignisse. Veröff. d. Inst. f. Geodynamik Jena, Heft 1, Berlin 1966.

Bulletin of the International Seismological Centre, Vol. 4, No. 2, 1967 Jan. 16—31, Edinburgh, Scotland, 1970.

Commenda, H.: Übersicht und Ergebnisse der sinnfälligen Erdbebenbeobachtungen in Oberösterreich, insbesondere seit 1873, I. u. II. Heimatgaue, Jg. 14, 113—128 u. 145—166, Verlag R. Pirngruber, Linz 1934.

Drimmel, J., G. Gangl und E. Trapp: Kartenmäßige Darstellung der Seismizität Österreichs. Mitt. Erdb.-Komm., N. F. 70, Wien 1971.

Gangl, G.: Ein Beitrag zur Seismizität des Alpenostrandes. Mitt. Erdb.-Komm., N. F. 68, Wien 1969.

Gassmann, F.: Die makroseismischen Intensitäten der schweizerischen Nahebeben im Zusammenhang mit den Registrierungen in Zürich. Jahresbericht 1925 d. Erdbebendienstes d. Schweizerischen MZA, Anhang, Annalen d. Schw. MZA, Zürich 1926.

Gutenberg, B., and C. F. Richter: Magnitude and Energy of Earthquakes. Ann. Geofis. **9**, 1—15, 1956.

Gzovsky, M. J., A. S. Grigoriev, O. I. Gushchenko, A. J. Mikhailova, A. A. Nikonov, and D. N. Osokina: Tectonophysical Characteristics of Stresses, Earth Crust Slow Deformations and Earthquake Mechanisms. IUGG Proceedings of the Conf. of Sci. Moscow Meetings from Aug. 2 to Aug. 14, 1971. IASPEI-Comptes Rendus No. 17, 84—85.

Jahrbücher der Zentralanstalt für Meteorologie und Geodynamik in Wien für 1971 und 1972, Wien 1973 und 1974.

Kárník, V., N. V. Kondorskaya, J. V. Riznichenko, E. F. Savarensky, S. L. Solovyov, N. V. Shebalin, J. Vaněk, and A. Zátopek: Standardization of the Earthquake Magnitude Scale. Studia geophys. et geod. **6**, 41—47, 1962.

Kárník, V.: Amplitude-Distance Curves for Surface Waves in Short Epicentral Distances ($\Delta < 2000$ km). Studia geophys. et geod. **6**, 340—346, 1962.

Kárník, V.: Seismicity of the European Area, Part I. D. Reidel Publ. Comp., Dordrecht, Holland, 1969.

Kowatsch, A.: Das Scheibbser Erdbeben vom 17. Juli 1876. Mitt. Erdb.-Komm., N. F. 40, Wien 1911.

Makris, J.: Aufbau der Kruste in den Ostalpen aus Schweremessungen und die Ergebnisse der Reflexionsseismik. Hamburger Geophys. Einzelschriften, Heft 15, Hamburg 1971.

Müller, S.: Man-Made Earthquakes, Ein Weg zum Verständnis natürlicher seismischer Aktivität. Geol. Rundschau **59**, 792—805, Stuttgart 1970.

Richter, C. F.: An Instrumental Earthquake Magnitude Scale. Bull. Seism. Soc. Amer. **25**, 1—32, 1935.

Ritsema, A. R.: Stress Distribution in the Case of 150 Earthquakes. Geol. en Mijnb. **19**, 36—40, 's-Gravenhage 1957.

Ritsema, A. R.: The Earthquake Mechanisms of the Balkan Region. UNESCO Survey of the Seismicity of the Balkan Region. UNDP Project REM/70/172, De Bilt 1974.

Scheidegger, A. E.: The Tectonic Stress in the Vicinity of the Alps. Z. f. Geophys. **33**, 167—181, Würzburg 1967.

Schick, R.: Erdbeben als Ausdruck spontaner Tektonik. Geol. Rundschau **61**, 896—914, Stuttgart 1972.

Schneider, G.: Seismizität und Seismotektonik der Schwäbischen Alb. Ferd. Enke Verlag, Stuttgart 1971.

Sponheuer, W.: Methoden zur Herdtiefenbestimmung in der Makroseismik. Freiberger Forschungshefte C 88 Geophys., Berlin 1960.

Sponheuer, W.: Bericht über die Weiterentwicklung der seismischen Skala. Veröff. d. Inst. f. Geodynamik Jena, Heft 8, Berlin 1965.

Steinhauser, F.: Über die elastische Deformation der Erdkruste durch lokale Belastung mit besonderer Berücksichtigung der Schneebelastung der Alpen. Gerlands Beitr. z. Geophys. **41**, 466—478, Leipzig 1934.

Suess, E.: Die Erdbeben Niederösterreichs. Denkschriften d. Akad. d. Wiss., math.-naturw. Kl. **33**, 61—98, Wien 1873.

Toperczer, M. und E. Trapp: Ein Beitrag zur Erdbebengeographie Österreichs nebst Erdbebenkatalog 1904—1948 und Chronik der Starkbeben. Mitt. Erdb.-Komm., N. F. 65, Wien 1950.

Trapp, E.: Die Erdbeben Österreichs 1949—1960, Ergänzung und Fortführung des österreichischen Erdbebenkataloges. Mitt. Erdb.-Komm., N. F. 67, Wien 1961.

Trapp, E.: Die Erdbeben Österreichs 1961—1970. Mitt. Erdb.-Komm., N. F. 72, Wien 1973.

Wadati, K.: On the Travel Time of Earthquake Waves (Part II). Geophys. Magazine, Vol. VII, 101—111, Tokyo 1933.

MIX
Papier aus verantwortungsvollen Quellen
Paper from responsible sources
FSC® C105338

If you have any concerns about our products,
you can contact us on
ProductSafety@springernature.com

In case Publisher is established outside the EU,
the EU authorized representative is:
**Springer Nature Customer Service Center GmbH
Europaplatz 3, 69115 Heidelberg, Germany**

Printed by Libri Plureos GmbH
in Hamburg, Germany